LES
PLAGES DU NORD
D'ETRETAT
A
OSTENDE
130 DESSINS

GUIDE-ALBUM DU TOURISTE

Par CONSTANT DE TOURS

VINGT JOURS

D'Étretat à Ostende

HAUTE-NORMANDIE

PLAGES DU NORD

130 DESSINS D'APRÈS NATURE

PAR BOUDIER, DE BURGGRAVE, FERNAND FAU.

PARIS

MAY & MOTTEROZ, LIB.-IMP. RÉUNIES, 7, RUE SAINT-BENOIT

LE DÉPART[1]

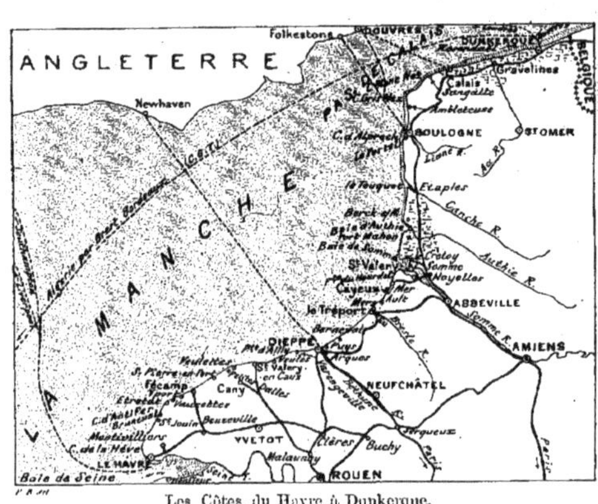

Les Côtes, du Havre à Dunkerque.

D'Étretat en Belgique! Voilà, en deux mots, notre programme.

En suivant la côte pittoresque et accidentée qui va du Havre à Ostende, nous ferons connaissance successivement avec les Normands, les Picards, les Flamands de France et les Belges, savez-vous. Nous verrons ÉTRETAT, FÉCAMP, DIEPPE et LE POLLET, LE TRÉPORT; à l'entrée et à la sortie du Détroit, BOULOGNE et CALAIS; DUNKERQUE; au delà de la frontière : BLANKENBERGHE et OSTENDE! ports, petits et grands, qui brillent tous d'un vif éclat, environnés d'une pléiade d'étoiles

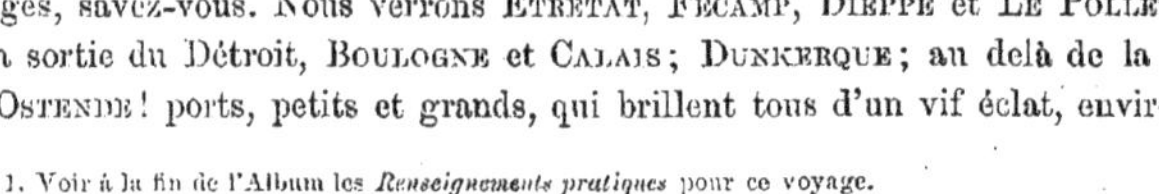

1. Voir à la fin de l'Album les *Renseignements pratiques* pour ce voyage.

Gare Saint-Lazare (Grandes lignes).

Gare du Nord.

de toutes les grandeurs : Saint-Jouin, Bruneval, Vaucottes, Yport, Saint-Pierre-en-Port, les Grandes-Dalles, les Petites-Dalles, Veulettes, *Saint-Valery-en-Caux, Veules,* Saint-Aubin, Quiberville, Varangeville, Pourville, *Puys,* Berneval, Mers, Ault, Onival, où finit la longue ligne des falaises ; après ABBEVILLE, dans le pays des dunes, Noyelles, *Saint-Valery-sur-Somme, Cayeux,* la pointe du Hourdel, le *Crotoy,* Fort-Mahon, *Berck,* Paris-Plage, le Touquet, Étaples; sur la Mer du Nord : *Gravelines, Rosendaël!*

C'est encore par la gare de l'Ouest que nous quittons Paris pour reprendre au Havre notre voyage sur le littoral[1]. Arrivés au Tréport, nous gagnerons la grande ligne de Paris à Dunkerque pour visiter dans leur ensemble toutes les **Plages du Nord.**

1. *Vingt jours du Havre à Cherbourg par les côtes normandes* (Maison Quantin, éd.)

Le soleil égaye de ses rayons la rade toujours mouvementée et la délicieuse Côte de Grâce qui fait descendre jusqu'à la mer des cascades de verdure ; Tronville étincelle dans sa vallée ! Mais aujourd'hui les hauteurs de la Hève nous réclament ; quittons la jetée du Havre et allons prendre sur la place du Vieux-Marché la diligence pour Étretat, qui n'est qu'à cinq lieues d'ici. La rustique patache suit la rue de Paris, monte la côte rapide de Sainte-Adresse, passe par Sanvic, traverse Octeville enfin s'arrête au café Terreux pour laisser souffler l'attelage... et le cocher.

A deux kilomètres vers la gauche, se cache *Saint-Jouin,* joliment enfoui au pied des falaises. Tout le monde vous parlera du musée de sa belle hôtelière ; nous y avons découvert — signé de l'un de nos plus célèbres auteurs dramatiques — cet hommage en de nombreux couplets :

La plus belle fille du monde,
Je la connais certainement ;
Mais si vous croyez qu'elle est blonde,
Vous vous trompez complètement.
. . . .

Elle pousse tout à l'extrême,
Gaîté, cœur et tempérament ;
Mais si vous croyez qu'elle m'aime,
Vous vous trompez complètement.
. . . .

Nous voici au sommet de la côte, à 139 mètres d'altitude ; la route est agréable : au loin on aperçoit la mer. On traverse le Tilleul, à une lieue d'Étretat ; de temps en temps, une porte rustique, originale, formée d'une barque renversée sur deux montants, abrite un banc au bord du chemin, ou bien ouvre une allée particulière. Au dernier tournant, après avoir ainsi *lourdement* plané, on descend rapidement. Un souffle salin fouette le visage ; il semble que l'on est au-dessous de la mer : « en haut » se montre la ligne d'horizon, nous sommes à Étretat.

ÉTRETAT

Une porte rustique.

La diligence s'arrête à l'entrée de la rue Alphonse-Karr, qui aboutit à la plage; ce nom évoque aussitôt à l'esprit les descriptions enthousiastes du spirituel écrivain auquel Étretat doit une part de sa prospérité. Des « marines » célèbres, parmi lesquelles le tableau de Courbet, ont achevé de populariser l'ancien village de pêcheurs.

Étretat est un petit port d'échouage, de deux mille deux cents habitants, où matelots et *matelotes* halent au cabestan, à force de bras, leurs grosses barques de pêche hors de la portée du flot, sur la digue montante de galets; ce rempart, sans cesse remué par les vagues, qu'elles-mêmes ont élevé, protège la ville dont le sol est au-dessous du niveau de la pleine mer, — encore faut-il que le vent du large ne souffle pas en tempête.

La pêche y est aujourd'hui peu productive et la famille du pêcheur compte de plus en plus sur la ressource des bains. D'ailleurs, le Paris mondain a fait d'Étretat une élégante station, depuis quelques années très fréquentée. La plage s'étend en demi-cercle au pied de deux magnifiques falaises de craie

La falaise d'aval vue de la falaise d'amont.

Le sémaphore et la chapelle.

La croix des marins.

blanche couronnées de verdure, montant à pic à quatre-vingt-dix mètres de hauteur, et dont les vagues ont découpé les pointes extrêmes en y creusant deux portes aussi célèbres que curieuses.

Il y a longtemps que l'on se baigne à Étretat. Les Romains, paraît-il, y ont fait plus d'une pleine eau, et dernièrement on y découvrait des traces de leur séjour; c'est que bien des séductions s'y trouvaient réunies : la beauté de la baie, le charme des vallons, les aspects grandioses des coteaux. Pendant la belle saison, la correspondance venant des Ifs, station de l'embranchement de Fécamp, dont la bifurcation se trouve à Beuzeville, sur la grande ligne du Havre ; les voitures particulières et les diligences du Havre, de Fécamp et d'Yport y versent des flots d'excursionnistes et de baigneurs. Depuis la falaise d'amont jusqu'à la falaise d'aval, des habitations de tous styles : villas, hôtels, ateliers d'artistes abritent un monde toujours élégant et dont la simplicité, non exempte de recherche, est d'une coquetterie charmante. Si l'on se met à l'aise dans des vêtements commodes, bariolés, chatoyants et clairs, on n'abdique pas pour cela le *décorum officiel* sans lequel on ne saurait vivre, même au bord de la mer ; mais l'on se contente cette fois d'en revêtir les gens de service qui arborent, solennels comme des magistrats, l'habit et la cravate blanche que le maître a momentanément échangés contre un « délicieux déshabillé ».

Les artistes viennent en nombre à Étretat ; c'est à la villa Orphée, appartenant à la famille d'Offenbach, que le maître composa les enlevants Évohé ! et le fameux galop d'*Orphée aux Enfers !*

La pente de la plage permet les bains à toute heure. Attention ! on y perd pied facilement ; mais aussi les nageurs y peuvent prendre leurs ébats et préfèrent Étretat aux grèves plates. Léon Gatayes, heureux d'y vivre, écrivait à des amis de Paris : « Venez et vous verrez ; Alphonse *Karr nage* comme un poisson ! » mot *cruel*, mais fort à la mode dans ces temps lointains.

Il n'est pas jusqu'au galet roulant et croulant sous le marcheur qui n'ait ici son charme ; il sèche vite et la plage n'est jamais humide.

Gravissons la falaise d'amont où se dressent la chapelle Notre-Dame de Bon-Secours et le sémaphore. L'escalier passe à mi-côte devant la Croix des marins, et en montant nous découvrons toute la ville que domine la vieille église Notre-Dame, du XIIIe siècle; c'est le seul monument d'Étretat, mais cette jolie station possède en revanche des curiosités naturelles nombreuses et sans rivales en Normandie. Devant nous se déroule la grandiose falaise d'aval, plongeant dans la mer au pied de l'*Aiguille* sans cesse travaillée par les gros temps du large; cet obélisque de soixante-dix mètres de hauteur, rongé par la mer, semble un clocher d'église submergée.

Les blanchisseuses à Étretat.

C'est l'heure de la marée basse; dans l'arc de cercle qui dessine la plage, sur le galet blanc incessamment roulé par les vagues et que le frottement arrondit, une fourmilière noirâtre fait tache au bord de la mer, ce sont les blanchisseuses qui ne manquent jamais l'heure propice pour venir creuser des petits réservoirs d'eau douce dans le galet, et, à genoux, lavent leur linge jusqu'à l'heure où le flot vient les chasser. Les sources sorties du vallon passent sournoisement sous la digue remuante et vont se déverser dans la Manche quand le flux ne leur oppose plus de résistance. Sans être tout à fait silencieuses, cette centaine de chevalières du battoir nous semblent beaucoup plus paisibles qu'on ne le dit, et nous constatons que le bruit de leurs conversations entre-croisées ne domine pas la voix de la mer, leur grande voisine. En arrière du bataillon serré de ces braves Normandes, que renforce pendant les beaux jours le personnel des familles venues pour la mer, se groupe tout un village d'embarcations bizarres : les *Caloges*, formées de vieilles barques hors de service, mises à la retraite sur des cales, recouvertes de chaume, et qui servent de magasins pour les engins de pêche. Auprès de nous un cabestan à quatre barres grince, hommes et femmes tournent péniblement la dure manivelle, la corde crie et la lourde barque, heurtant de galet en galet monte lentement.

Après avoir contemplé à l'aise ce tableau vivant et plein d'imprévu, que les coteaux encadrent majestueusement, montons sur la falaise d'aval, dont l'extrémité est occupée par la *Chambre aux Demoiselles*... et par une villa indiscrètement posée au point le plus élevé du promontoire, à quatre-vingt-cinq mètres au-dessus de la mer.

La Chambre aux Demoiselles est une grotte bizarrement taillée à la pointe d'une aiguille isolée que relie à la masse de la colline une arête placée entre deux précipices. C'est une sorte d'îlot suspendu, ancien poste de douaniers abandonné, d'où la vue s'étend à huit ou dix lieues en mer.

En suivant la crête vers le sud-ouest, guidé par les poteaux télégraphiques qui conduisent à un sémaphore voisin, on est au sommet du *Cap Antifer*, haut de cent dix mètres,

La Manneporte.

Les Calóges d'Étretat.

La falaise d'amont.

où est installé le poste de signaux. Trois kilomètres plus loin, on gagne la gorge pittoresque de *Bruneval*, qui précède *Saint-Jouin* dont nous avons parlé.

Si l'on veut marcher au pied des falaises, cela n'est jamais bien facile et pas toujours possible, la mer ne se retirant pas assez loin, pendant la morte eau, pour permettre le passage. Le portail gigantesque ouvert près de l'Aiguille n'est accessible qu'aux marées basses de vive eau, et encore les mousses glissantes qui recouvrent les roches rendent-elles la promenade légèrement accidentée. Il est prudent de partir au moment où la mer descend ; plus tard, on serait exposé à la voir revenir trop vite à son gré, n'ayant plus derrière soi qu'un mur formidable de falaises, sans la plus petite valleuse à grimper en hâte pour échapper au flot. Alphonse Karr, que son imagination de romancier mettait à même de peindre ce danger dans toute son horreur, le racontait ainsi aux Parisiens terrifiés : « Je me suis fait surprendre par la marée. La mer était houleuse et montait avec un grand bruit. Il vint un moment où je fus obligé de m'arrêter. Devant moi, la mer en colère se brisait contre la falaise. Il me fallait retourner sur mes pas. A cent toises de là, elle battait également contre le rocher. J'étais renfermé dans un cercle que la mer rétrécissait à chaque instant. Il faisait nuit. Je savais que, dans une heure, il y aurait quinze pieds d'eau là où j'étais encore pied sec, entre la mer écumante et une muraille droite de trois cents pieds, soixante fois la hauteur d'un homme. Je nage bien ; mais de quel côté me diriger? d'ailleurs, les lames m'auraient bientôt broyé contre le rocher. Un douanier, qui m'observait depuis longtemps, m'appela du haut de la falaise, quand il m'eut perdu dans la nuit. Il descendit à moitié chemin, par un sentier à peu près taillé dans le roc, et me jeta une corde au moyen de laquelle j'allai le rejoindre. » Et Alphonse Karr fut sauvé des eaux ; mais notez qu'il lui a fallu pour cela un douanier qui l'observait, et qu'à ce « perroquet de falaise », comme les marins appellent ces hommes à l'uniforme vert, il fallait une corde solide de cinquante mètres de long, si toutefois le romancier ne s'est pas trompé dans son évaluation des distances. Qui peut se flatter d'avoir autant de chance?

Quand on suit la plage, se dirigeant vers l'Aiguille, on passe devant le *Trou à l'homme*, pavé de roches blanches et dont les parois sont tapissées de mousse ; la *Porte d'aval* franchie, on arrive, après avoir donné un coup d'œil à une

La plage d'Étretat.

La Chambre aux demoiselles.

seconde grotte profonde appelée le *Trou au chien,* dans un vaste cirque nommé le *Petit-Port,* que ferme

à l'autre extrémité la *Manneporte,* immense voûte d'où la falaise court à pic jusqu'au cap Antifer. Le chaos de ces gros blocs disjoints, minés, crevassés, entre lesquels de larges vides se creusent ; les veines friables emportées par les eaux et qui laissent debout, comme dans une nécropole, des strates de pierre de formes bizarres, des pointes colossales ; les cavernes sonores ; les longs et sombres couloirs aux seuils béants ; les voûtes élevées et profondes comme la nef d'une cathédrale que chaque jour l'Océan remplit et vide avec des bruits de tonnerre, toutes ces étranges excavations dont chacune a un nom, toute cette haute architecture sauvage de la mer offrent un spectacle merveilleux qui impressionne vivement.

LE CHAUDRON. — Pêche de l'éperlan.

Du fond du Petit-Port, une valleuse très douce vous ramène sur les sommets. Ce que l'on appelle en Basse-Normandie, pays de plaines, du nom abrupt de *raidillon,* petit sentier que l'on grimpe... mais que l'on descend rapidement quand on est en haut, porte en Haute-Normandie, région de plateaux élevés, le doux nom de *valleuse,* même charmant raccourci qui descend... mais qui grimpe terriblement lorsqu'on est en bas. Quand la terre est mouillée, cela ne va pas tout seul : en gravissant la valleuse qui gagne les hauteurs d'Étretat, nous en faisons l'expérience. Chemin montant, nous rencontrons un gros petit bonhomme normand qui pleure de chaudes larmes et dont la blouse maculée de boue annonce une chute peut-être douloureuse. « T'es-tu fais mal, mon p'tiot ? — *J'crai ben,* répond l'enfant, *j'mé fous bá!* » Cela nous donne en passant un échantillon du patois de la côte : le petit est assurément d'Étretat où le *moi* se dit *mé,* comme à Yport il se dira *ma,* pour devenir *maj* à Fécamp.

La falaise d'amont réserve au touriste des surprises aussi séduisantes que sa voisine d'en face. Un

Le fond de Vaucottes.

sentier descend de la Chapelle au *Chaudron,* petite crique que le flot remplit avec un bruit de canon et où les habitants d'Étretat vont pêcher l'éperlan à l'aide de filets suspendus sur de grandes perches qu'un treuil met en mouvement. La falaise est percée de deux tunnels entre lesquels s'avance en mer la *Porte d'Amont,* jamais accessible à pied sec. Le second tunnel, long de six cent cinquante mètres, aboutit à une échelle en fer qui gravit la falaise. A trois kilomètres environ du sémaphore, en suivant la crête, on trouve les *Escaliers de Bénouville;* à marée basse, on passe sur le galet à la pointe de la falaise, en vue d'une autre aiguille, le monolithe de Bénouville qui est très éloigné de la côte, et l'on arrive ainsi à

YPORT.
Falaise d'amont, port d'échouage et Casino.

la *Fontaine aux Mousses* dont les eaux vives sortent d'une mousse toujours verdoyante ; à droite, se profile la falaise d'Yport. — D'Étretat, des diligences conduisent à Fécamp ; sur le rivage s'échelonnent, entre les deux villes, *Vattetot-sur-Mer;* un kilomètre plus loin, Vaucottes ; deux kilomètres ensuite, Yport. *Vaucottes* est un étroit vallon, semé de galets, caché par de hautes falaises et qu'il serait indiscret de dévoiler aux bruyants voyageurs ; ses habitants d'été y sont heureux dans la paix du

LA PLAGE D'YPORT.

paysage gracieux et parfois sauvage qui les environne. Au-dessus du Fond de Vaucottes se trouvent les pittoresques fosses connues sous le nom de « Fusières », anciennes carrières exploitées jadis.

Yport est un petit « Étretat des familles ». Ses bains ne sont fréquentés que par des habitués qui possèdent dans la vallée profonde où s'est blotti modestement le village, ou sur les coteaux voisins, un chalet, une villa, une tranquille maison de campagne. Le hameau qui servit de berceau à cette jolie plage ne fut au début qu'un petit havre pavé de galets fins où les pêcheurs abritaient leurs barques : aujourd'hui une jetée en pierre protège l'échouage, qui se fait comme à Étretat au dur cabestan. Une route bien ombragée descend des riantes campagnes

Entrée du port de Fécamp. La source de Grainval.

supérieures; le bois des Hogues, aux arbres magnifiques, plonge jusqu'au bord de la mer; à trois kilomètres en suivant le pied des falaises pour se rendre à Fécamp, on rencontre les *Sources de Grainval,* en partie captées pour alimenter la ville voisine.

Sur les hauteurs, la route d'Étretat à Fécamp que suivent les voitures, moins nue que celle du Havre à Étretat, court à l'ombre de grands arbres; après avoir traversé *les Loges,* on rencontre le chemin qui dévale à travers bois jusqu'à Yport et, passant à la lisière des Hogues, on est bientôt sur le plateau élevé qui domine le port de Fécamp. A notre droite, le clocher de Saint-Léonard menace le ciel depuis le XIe siècle et, comme en arrivant à Étretat, c'est par une pente raide que nous descendons dans la bonne ville de Fécamp.

L'aqueduc de Grainval à Fécamp.

FÉCAMP

Arrivée à Fécamp.

Fécamp, chef-lieu de canton de l'arrondissement du Havre, est une ville de treize mille habitants, dont le port est situé à l'embouchure de la rivière de Valmont, grossie de celle de Ganzeville qui arrose une des plus jolies vallées des environs. Ces deux cours d'eau alimentent le bassin de retenue et leur poussée est suffisante pour lancer par l'écluse de chasse, dans la première heure qui suit l'ouverture des portes, huit cent mille mètres cubes d'eau : c'est qu'il faut toujours lutter avec force contre le galet envahisseur. La gare est auprès des bassins Bérigny et Gayant, et les trains y arrivent après avoir traversé deux tunnels creusés sous une partie de la haute ville. Fécamp s'étend en longueur, à l'extrémité de la riche vallée de Valmont, sur un espace de trois à quatre kilomètres ; du centre, il faut vingt minutes pour aller à la mer.

Près de l'hôtel de ville, s'élève la belle église abbatiale de la Trinité, datant en partie du XIe siècle ; son porche latéral du XIVe et sa tour centrale, haute de soixante-quatre mètres, qui, suivant l'usage

FÉCAMP. — La sortie des bateaux de pêche.

normand, sert de lanterne et verse la lumière dans le chœur, retiennent tout de suite l'attention. Les belles clôtures en pierre qui ferment les chapelles, le tombeau formé des débris d'un ancien autel qui se voit au fond du chœur, les stalles, les verrières et un magnifique retable, tout cet ensemble de simplicité et de noblesse, d'une époque où la grâce domine, charme les yeux et mérite une longue visite; l'abside circulaire à l'extrémité du chœur et une partie de l'aile septentrionale sont un spécimen du plus pur caractère normand.

On suppose que ces constructions remontent à Guillaume le Conquérant, « qui, en 1075, célébra la Pâques à Fécamp dans la vieille abbaye fondée au VIIe siècle, et y consacra à Dieu l'une de ses filles ». Mais ce ne fut qu'au XVIe siècle que l'église et le monastère furent dans toute leur splendeur; aujourd'hui les restes de l'abbaye, bordés par un petit square, contiennent la Mairie, le Musée et la Bibliothèque. Les manuscrits, meubles et objets d'art de l'ancien monastère des bénédictins de Fécamp et des fragments de sculpture architecturale de leur époque sont visibles au musée de la Bénédictine, qui jouit d'une autre renommée grâce à sa distillerie.

La Trinité.

Combien de délicats buveurs savourent la liqueur délicieuse comme une fabrication sainte sortie des mains des moines! hélas! la Bénédictine est devenue purement laïque, et aujourd'hui ce n'est plus qu'une formule que les propriétaires actuels ont mise en pratique avec beaucoup d'habileté, car tout le monde sait que la Bénédictine est un élixir divin! La deuxième église paroissiale de Fécamp, voisine du quai, Saint-Étienne, date du XVIe siècle et possède un joli portail ogival. Chemin faisant, on rencontre quelques vieilles et curieuses maisons.

Le port est protégé par deux jetées distantes de soixante-dix mètres, dont l'une, construite en maçonnerie et poutres, forme digue du côté du chenal et brise-lames de l'autre côté; il comprend un avant-port que bordent des chantiers de construction, les deux bassins et la vaste retenue dont nous avons parlé. L'avant-port est abrité en amont par des falaises abruptes et escarpées, hautes de cent vingt mètres environ, que termine le cap Fagnet, dont les roches crayeuses d'un blanc grisâtre ont longtemps servi d'amer aux pêcheurs. Ce coteau, qui prend en arrière du cap le nom de Côte de la Vierge, est couronné par l'antique chapelle gothique, enrichie d'ex-voto, de Notre-Dame du Salut ou de Bourg-Baudoin, jadis Fort-Baudoin-de-Bos; à sa droite — voisinage profane — se montrent les tribunes du champ de courses, tout en haut!

Dans le port de Fécamp.

A l'ouest de la chapelle, un beau phare à feu fixe, de première classe, dont la lanterne est élevée de cent trente mètres au-dessus de la mer, correspond avec les phares d'Ailly à droite et de la Hève à gauche ; à ces feux protecteurs se joint le sémaphore, qui est à côté. L'entrée du port, que défendent trois batteries, est en outre éclairée par deux phares situés sur les jetées.

Du cap Fagnet, on découvre la ville entière, la plage et les coteaux ; on y monte par un sentier rapide et par un escalier aux marches rustiques, jadis *Sancta-Scala,* qui aboutit à la chapelle et que gravissent parfois des pèlerins à genoux, coutume fatigante qui tend à disparaître de nos jours.... Aux heures de grande marée, lorsque la Manche, grossie du *Gulf Stream,* arrive violemment contre le mur de trente lieues des falaises, refoulant les courants du Nord pour s'enfoncer dans le détroit du Pas-de-Calais, le spectacle vu du cap est saisissant. A marée basse, au contraire, la base de la falaise est très curieuse à visiter : on franchit à pied sec la pointe avancée qui porte le nom caractéristique de « heurt » de Fécamp, où les vagues déchaînées ont creusé des excavations profondes rappelant les grottes fantastiques d'Étretat. Mais il faut, là aussi, ne pas oublier l'heure du flot, car la valleuse la plus proche est celle de Senneville, à une lieue de là ! C'est un autre spectacle plein d'intérêt que de voir sortir le soir les solides et fins voiliers pour la pêche nocturne du hareng ou du maquereau. Le métier est dur, mais le marin infatigable, et il redoute bien plus les caprices des « bancs voyageurs » que les périls de la mer.

Pluie ou bourrasque, il faut qu'il sorte, il faut qu'il aille,
Car les petits enfants ont faim. Il part le soir
Quand l'eau profonde monte aux marches du musoir.

Fécamp est un des premiers ports de France pour l'armement de la pêche de la morue en Islande et à Terre-Neuve. Des bateaux de fort tonnage animent toujours l'avant-port, où ils débarquent des houilles de Newcastle et autres lieux d'Angleterre et des bois de construction venant des bords de la Baltique. La station de bains y est très suivie ; l'établissement, bâti à plus d'un kilomètre du centre

La plage de Fécamp.

de la ville, est desservi par un tramway qui longe l'avant-port ; comme toujours sur cette côte, la grève est chargée de galets : on y observe la division des sexes, qui se rejoignent cependant à leur gré, entre la droite où plongent les hommes et la gauche où nagent les « dames seules ». La plage est

L'église Saint-Étienne.

Sur le quai de l'avant-port.

profonde et du tremplin roulant on pique agréablement une tête..., avec prudence, vu les petits cailloux du fond. Le Casino est abrité par la falaise d'aval, moins déchiquetée que celle d'Étretat, de pente plus douce que le cap Fagnet, et dont la longue perspective de bancs crétacés et de masses rocheuses s'étend jusqu'à Yport. De coquettes villas entourées de parcs et perchées sur la colline regardent la mer.

Les minoteries, tanneries, filatures de coton, fabriques de calicot, scieries mécaniques qu'alimente la rivière de Valmont; des établissements de salaison du poisson, des fonderies de cuivre et de fer, des chantiers de construction complètent le commerce et les industries variées de Fécamp, à la fois ville manufacturière, port de commerce et de pêche, station de bains.

Les Petites-Dalles. — Au nord de Fécamp, à dix-huit kilomètres, à peu près à mi-chemin de Saint-Valery-en-Caux, se trouve la jolie station des Petites-Dalles. La route que nous suivons est tout aussi belle que celle d'Étretat à Fécamp : la voiture remonte les charmantes vallées de Valmont et de Ganzeville, passe par Colleville et *Valmont*, qui possède un magnifique château datant de l'époque féodale et une ancienne abbaye dont l'église renferme des merveilles de la Renaissance.

Après avoir traversé le parc du château de Sassetot, on descend le délicieux vallon où s'abrite le hameau des Petites-Dalles. C'est, comme toujours depuis le Havre, une plage de galets étroitement resserrée entre de hautes

La plage des Petites-Dalles.

falaises et qui plonge en pente rapide dans la mer; le sable fin commence à s'y mêler timidement aux cailloux. Séjour tout à fait intime, sans apparat mondain, les familles paisibles vivent ici dans la plus douce tranquillité. Et pourtant... grands dieux! qui l'eût cru? nous y avons vu éclater une révolution!

Notons en passant l'épisode, c'est un trait de mœurs des plages. Mme Thénard, de la Comédie française, accompagnée de quelques camarades en tournée sur le littoral, parmi lesquels Valbel, retour de Saint-Pétersbourg, venait d'arriver aux Petites-Dalles et devait jouer le soir. A la hâte on dispose en salle de spectacle le grand salon de l'Hôtel, servant de Casino. Mais on avait compté sans la « jeunesse » qui, bientôt, arrivait joyeuse à la cloche du dîner, avec l'idée bien arrêtée de danser pendant toute cette soirée réglementairement consacrée au bal. Horreur! La salle de bal, discrètement éclairée, ressemblait à une nef d'église un jour de prêche : les rangées de sièges s'alignaient parallèles et serrées. A table d'hôte on avait commenté très passionnément ce changement subit de programme : les « ascendants » étaient pour la comédie, leurs « descendants » pour les sauteries. Après le repas, de nouveaux venus, locataires des villas voisines, munis de lanternes de familles et emmitouflés dans des « sorties » nocturnes, grossirent en nombre à peu près égal les deux camps ennemis. Il n'est pire, dit-on, que moutons enragés : la charmante artiste put à peine paraître *en scène;* des cris aigus, où perçaient de délicieuses petites voix féminines, réclamèrent obstinément des lampions, des lampions! Le maître de céans se contenta d'éteindre ceux qu'il avait allumés, pour faire évacuer la salle; le vacarme continua de plus belle dans l'obscurité : quelqu'un conseilla d'aller chercher la garde! Mais où? La mer elle-même reculait devant cette révolte, c'était un doux reflux de morte eau. Bref, tout le monde battit en retraite;

comédiens, spectateurs d'âge mûr, danseurs d'âge plus tendre : « Véritable retraite de Russie, dit Valbel qui en arrivait. » C'est ainsi que fut troublée tout un soir la quiétude habituelle des habitants des Petites-Dalles.

Il y a de nombreuses excursions à faire aux environs ; sur les jolies routes encaissées et pleines d'ombrage, dans les bois épais qui couvrent les hauteurs du vallon, dans le beau parc de Sassetot que nous avons déjà traversé. *Sassetot-le-Mauconduit* est situé entre les deux vallons des Petites-Dalles et des Grandes-Dalles ; son marché ravitaille les villas des deux stations, ou plutôt celles des Petites-Dalles seules, car, à vrai dire, le hameau des *Grandes-Dalles* ne possède guère que des chaumières souvent désertées des baigneurs, et cependant la plage est également abritée par deux hautes falaises et les galets sont tout aussi ronds qu'à côté.

Le marché de Sassetot-le-Mauconduit.

Au delà des Grandes-Dalles se trouve *Saint-Pierre-en-Port*, autre hameau, qui domine sa plage enfouie dans une charmante vallée plantée de hêtres.

C'est de l'autre côté des Petites-Dalles, à six kilomètres, près de l'embouchure de la Durdent qui sort des sources d'Héricourt-en-Caux et traverse Cany, que s'étend la longue grève de *Veulettes*, abritée par une falaise élevée, dépourvue d'ombrage, mais dont les flancs se sont creusés en grottes curieuses que l'on va explorer à marée basse ; une digue naturelle de galets protège le bourg et sa vieille église des XIIe et XIIIe siècles. Non loin de là se trouve le village de *Saint-Martin-aux-Buneaux*, dont l'église romane mérite une visite ; l'escalier naturel du *Val* vous ramène aux Petites-Dalles.

De Veulettes on se rend directement par la voiture publique à *Cany*, ou bien on revient aux Petites-Dalles, d'où les diligences de l'Hôtel-Casino vous conduisent, en

Une naturelle de Saint-Pierre-en-Port.

Les Grandes-Dalles.

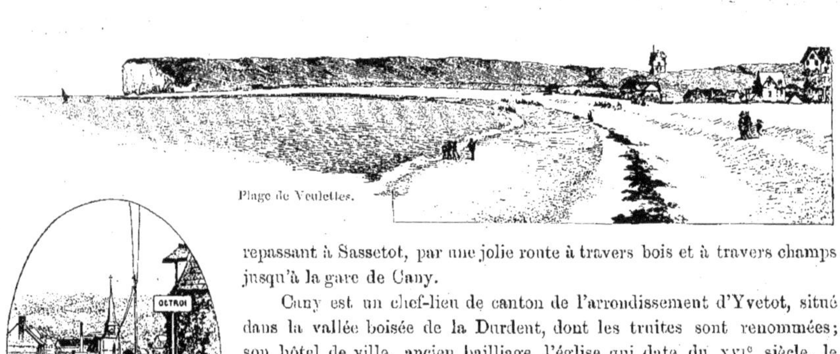

Plage de Veulettes.

repassant à Sassetot, par une jolie route à travers bois et à travers champs jusqu'à la gare de Cany.

Cany est un chef-lieu de canton de l'arrondissement d'Yvetot, situé dans la vallée boisée de la Durdent, dont les truites sont renommées; son hôtel de ville, ancien bailliage, l'église qui date du XVIe siècle, le château construit par Mansart et dont le parc est magnifique, lui attirent un grand nombre de visiteurs des plages voisines.

Le lundi, jour de marché, la vieille place qu'encadre un immense bâtiment dont les arcades rustiques et le premier étage, sous les combles, servent de halle et de magasins, présente une animation des plus réjouissantes : au-dessus des vaches qui beuglent, des moutons qui bêlent, des poules et des coqs qui chantent et des marchandes qui bourdonnent, s'élève sur un étroit piédestal le buste en marbre blanc de Louis Bouilhet, né à Cany, le 27 mai 1822,

L'arrivée à Cany.

LE MARCHÉ DE CANY.

« poète élégiaque, dit son ami Gustave Flaubert, chantre de ruines et de clairs de lune; léger d'argent, riche d'espoir. »

Saint-Valery-en-Caux. — Le chemin de fer, en une demi-heure, par Saint-Vaast-Bosville, nous entraîne à Saint-Valery-en-Caux. Nous voici non plus sur une simple plage, mais dans un port très sûr contre les terribles vents d'ouest et de nord-ouest si redoutés sur la côte. Saint-Valery présente un aspect de petite ville et compte quatre mille habitants.

A SAINT-VALERY-EN-CAUX. — Le pont tournant et la maison Henri IV.

De la gare, une belle promenade plantée d'arbres longe le bassin de retenue et conduit à la place de l'Hôtel-de-Ville; tout de suite à gauche se montrent la place du Marché et la très pittoresque chapelle Notre-Dame de Bon-Port. L'église paroissiale de Saint-Valery, du XVIe siècle, restaurée de nos jours, est assez éloignée de ce point central; elle se trouve au sommet d'une colline verdoyante d'où l'on découvre la perspective du port, de la ville et des campagnes environnantes. Les rues sont larges et propres, et près du pont tournant qui enjambe l'écluse de chasse se voit une vieille maison normande du XVIe siècle, à la façade de chêne sculpté, une des curiosités de la ville et où, dit-on, logea Henri IV. Le port, entouré de maisons qui le cachent aux arrivants, comprend, outre la retenue, un chenal enfermé entre deux jetées éclairées par deux phares et un avant-port qui reçoit chaque année un grand nombre de bateaux marchands, Saint-Valery étant l'entrepôt des produits de l'arrondissement d'Yvetot pour l'exportation et l'importation ; il arme aussi des bateaux pour la grande pêche, et la pêche côtière y est très active. Toujours abritée par deux massifs de collines, la plage n'est cependant plus étroitement resserrée, enfouie; elle s'étale, au contraire, des bains aux falaises d'aval, et la vue s'étend au loin le long des côtes bordées de roches à pic, sensiblement de même hauteur, qui paraissent un mur unique regardant la mer.

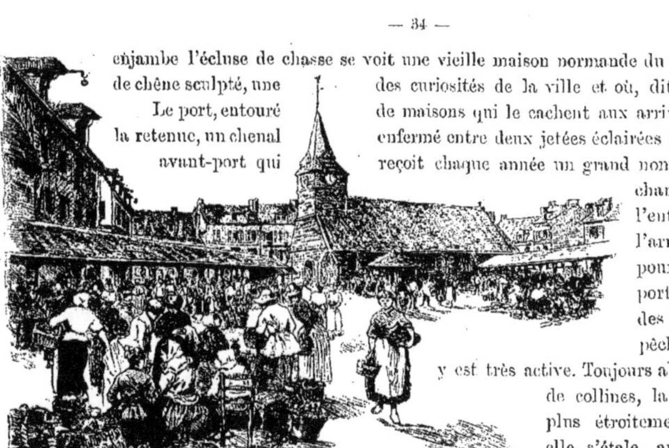
La chapelle Notre-Dame de Bon-Port.

A droite du Casino et à gauche de l'entrée du port courent au pied des falaises des bancs de

UN GRAIN A SAINT-VALERY-EN-CAUX. — L'ENTRÉE DU PORT.

sable où l'on pêche la crevette au filet, et un champ de galets recouverts de goémons qui fournit une moisson chaque jour renouvelée aux patients explorateurs.

Un coin de la plage
de Saint-Valery-en-Caux.

Saint-Valery est fréquenté par les baigneurs qui aiment la vie calme ; la plupart logent simplement dans les maisons de la ville.

En montant sur la colline d'aval, on rencontre bientôt la tour pittoresque de la chapelle Saint-Léger, du XVIIe siècle, d'où la vue s'étend sur le large et le littoral. Le bois d'Etennemare offre ses ombrages à vingt minutes de là.

Au-dessus de Saint-Valery-en-Caux, en continuant notre route vers Dieppe, les jolis horizons sur la mer et sur les falaises vont se multiplier. C'est tout d'abord *Veules,* charmant petit échouage plus sablonneux, moins encombré de galets que les stations voisines : les sites gracieux qu'arrose son ruisseau clair et guilleret

— qui naît et qui meurt à Veules même — sont verdoyants et fleuris, et les cressonnières qui le bordent sont renommées. Sous de hautes feuilles pleines d'ombre court l'eau vive des sources où le cresson, mêlé aux véroniques envahissantes, montre ses tiges longues, anguleuses et rameuses, ses feuilles ailées d'un vert sombre. Tout le monde mange du cresson, mais combien le connaissent comme il mérite de l'être! Dernièrement, l'excellente revue *la Nature* lui rendait hommage en un article fort élogieux :

Le cresson retient la perruque,
Du sommet jusques à la nuque.
Si vous en frottez les cheveux,
Ils en viendront plus forts et mieux.
Des dents il apaise la rage,
Guérit dartres et feu volage!

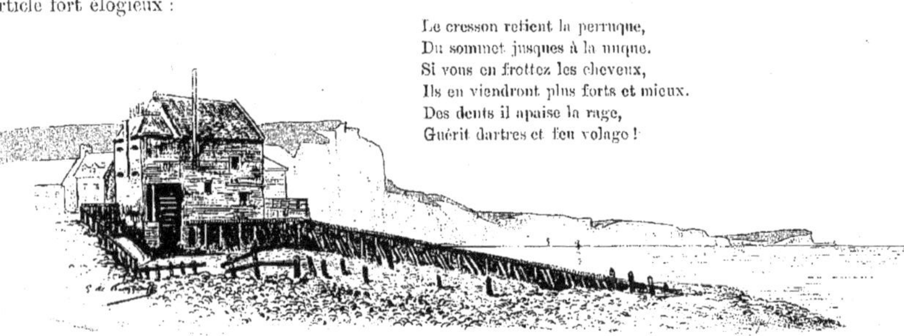

Le vieux moulin de Veules.

Ses multiples propriétés lui ont valu, d'ailleurs, le glorieux qualificatif de « santé du corps » !

Saint-Martin, la vieille église de Veules, a été en partie reconstruite au XVIe siècle ; le clocher est du XIIIe. Saint-Nicolas, la primitive église paroissiale, est aujourd'hui en ruines.

Plus loin, se succèdent agréablement vers le nord : *Sotteville-sur-Mer ; Saint-Aubin*, grève sauvage, située à un kilomètre de son hameau, où vient se perdre la petite rivière le Dun ; — les heureux

SAINT-AUBIN-SUR-MER. — La falaise d'amont.

baigneurs sont là maîtres du pays, loin de tous regards indiscrets ; — *Quiberville* et son parc aux huîtres, à l'embouchure de la Saâne ; *Sainte-Marguerite, Varangeville, Pourville.* Toutes ces petites plages intimes, peuplées de cabanes de pêcheurs, tiennent à des villages très pittoresques où survivent quelques souvenirs du passé et dont les principales curiosités à voir sont : à Sainte-Marguerite, l'église du XIe siècle, agrandie au XVIe, une villa romaine renfermant une magnifique mosaïque, au cimetière gallo-romain. Au-delà d'une longue bande de bruyères, on va rendre visite au phare d'Ailly, feu tournant de première classe, qui date de 1775 et s'élève hardiment à cent mètres sur la pointe du cap des Roches, sans cesse miné par les flots. Le vieux phare sera victime un jour de sa témérité et plongera de sa position avancée, glissant avec la falaise perfide dans les récifs dont il protège les navigateurs.

A Varangeville, on

Le manoir d'Ango, près de Varangeville.

Le colombier du manoir d'Ango.

remarque les cottages dont s'émaille la plaine, rappelant les habitations normandes du XVIe siècle et, sur le haut plateau, un manoir de la Renaissance qui appartint à l'armateur Ango, vicomte de Dieppe, l'hôte et l'ami de François Ier. Aujourd'hui ce n'est qu'une ferme où les appartements splendides de jadis sont convertis en greniers ; on y voit à peine quelques débris de sculpture et les restes d'une peinture à fresque. Parmi les médaillons de la principale façade, se trouve le portrait de François Ier et — charmante courtoisie du galant armateur — celui de Diane de Poitiers. Le colombier est joli : la brique y mêle ses tons chauds à ceux de la pierre ; il fut bâti également en 1532.

Pourville, enfin, nous amène à Dieppe dont on devine tout de suite le voisinage : la petite station est plus mondaine que les précédentes et ses villas coquettes, enfouies dans des massifs de verdure, contrastent singulièrement avec le village rustique dont elles relèvent et qu'habitent les ouvriers des usines voisines. Une belle route, partant des bords de la Scie canalisée pour gagner la mer, monte en serpentant sur le versant de la falaise d'amont et bientôt nous sommes par Caude-Côte, à quatre-vingt-dix mètres d'altitude, en vue du vieux château qui domine en aval la reine des plages de la Haute-Normandie.

DIEPPE

Sous-préfecture du département de la Seine-Inférieure, port de commerce et l'un des principaux de France pour la pêche, station de bains de mer du *high life*, Dieppe est une ville de vingt-cinq mille habitants. Sa situation est charmante, à l'embouchure de l'Arques, formée, dans la vallée que commande le vieux château de ce nom, par la réunion des trois jolies rivières du pays de Bray : la Béthune, la Varenne et l'Eaulne. En même temps qu'il alimente le port de Dieppe, le petit fleuve balaye l'avant-port souvent encombré de galets et de vase, et, de son ouverture devenue large, il sépare la ville de son faubourg : *le Pollet*.

La porte du Port d'Ouest.

Au sortir de la gare on traverse les bassins à flot sur un pont tournant et l'on suit les quais toujours saupoudrés de charbon : le quai Duquesne, le quai de la Poissonnerie, enfin le quai Henri IV vous amènent à l'embarcadère des bateaux de Newhaven, à proximité de la plage et de la rue principale.

Une longue colline crayeuse, que surmontent la chapelle neuve de Notre-Dame de Bon-Secours et le sémaphore, s'étend vers l'est au-dessus de l'entrée du port ; la ville, agglomérée sur la rive gauche de l'Arques, entre les bassins et la plage, s'appuie en aval sur les hauteurs qui portent son antique château aujourd'hui transformé en caserne.

Dieppe, rebâti au XVIIIe siècle après son bombardement en 1695 par les Anglais, qui ne laissèrent à peu près debout que le château et les deux églises, présente dans l'alignement de ses rues régulières, l'aspect d'une ville moderne ; de ses anciennes fortifications, il subsiste la *Porte du Port d'Ouest* dont les deux tours en poivrière forment une entrée pittoresque au Casino sur une petite place bordée de boutiques où l'on vend des bibelots de bains, et des vestiges de la *Tour aux Crabes*, près de la gare maritime.

DIEPPE. — LE QUAI HENRI IV ET L'EMBARCADÈRE DES PAQUEBOTS POUR NEWHAVEN.

A la jonction des deux quais Henri IV et de la Poissonnerie s'ouvre la Grande-Rue, parallèle à la plage, où les magasins d'ivoire renommés à Dieppe montrent aux vitrines coupe-papiers, chapelets, baromètres et petits navires. Tout de suite à gauche, on rencontre la place Nationale, très animée les jours de marché et qui, jadis, réunissait — ces jours-là — un assemblage varié des pittoresques costumes du pays ; jupons courts et bonnets en cornettes ont disparu aujourd'hui, et le touriste n'a plus qu'à contempler la belle statue en bronze, par Dantan aîné, d'Abraham Duquesne, vaillant chef d'escadre, à l'allure superbe.

Le chargement du Paquebot.

Au fond de la place, l'église Saint-Jacques et, non loin de là, Saint-Remi sont les deux seuls monuments dignes d'être visités dans la ville. Saint-Jacques, dont les premières fondations remontent à la fin du XIIIe siècle, présente toutes les variétés du style ogival jusqu'au XVIe : le beau portail de la façade principale est surmonté d'une rose magnifique ; à droite s'élève la tour de Saint-Jacques, de forme carrée, d'où l'on a une belle vue sur la ville, la vallée et la mer. La coupole moderne qui surmonte le centre de l'église, peu en harmonie avec le reste, n'ajoute pas à la beauté de l'édifice. Les chapelles qui entourent le chœur, créations d'Hector Sohier et dont l'une reçut en 1551 la dépouille d'Ango, les voûtes du chœur de 1443 et celles du transept de 1628 méritent, en dépit de leurs mutilations, une visite attentive.

Saint-Remi date de l'épiscopat de Georges d'Amboise, deuxième du nom, mais ne fut terminé que vers le milieu du XVIIe siècle. « On peut dire, remarque l'auteur de *la Renaissance en France*, que dès le commencement du règne de François Ier la Renaissance triomphe à Saint-Remi, dont le chœur fut élevé entre 1522 et 1531 ; nulle part encore on n'avait vu de hautes colonnes monocylindriques coiffées de chapiteaux où au-dessus d'un rang d'oves se jouent dans le feuillage toute une bande d'amours. » Dans la chapelle de la Vierge se voient les tombeaux de quatre gouverneurs de Dieppe, dont l'un, Sygogne, refusa de faire égorger les protestants de la ville en 1572. Une rue de Dieppe porte son nom.

Le quai Henri IV et la Grande-Rue communiquent par plusieurs rues ou ruelles avec la longue rue Aguado qui, faisant face à la mer, est exclusivement occupée jusqu'aux

La place Nationale et la statue d'Abraham Duquesne.

jardins de l'hôtel de ville, derrière le Casino, par les riches hôtels de l'élégante station. Dominant ces constructions à l'aspect un peu froid et monotone, s'élèvent, sans qu'aucune autre silhouette ne rompe agréablement la perspective, les deux grandes cheminées de briques de la manufacture des tabacs.

Entre la rue Aguado et le faubourg de la Barre, dans toute la partie de la ville située au pied de la colline, se trouve un quartier neuf réservé aux coquettes habitations particulières.

Le château, bâti en 1435, très démoli, très restauré, mais somme toute très présentable encore comme château-fort, groupe pittoresquement à mi-côte, au-dessus de l'établissement des bains, ses quatre tourelles et son vieux donjon. Ce fut dans ses murs qu'Henri IV trouva un refuge devant l'armée de la Ligue, au milieu de ses bons Dieppois qui, des premiers, avaient reconnu ses droits au trône avant la bataille d'Arques ; ce fut là aussi que se cacha, à l'époque de la Fronde, la duchesse de Longueville, qui définitivement n'échappa à la vengeance de Mazarin qu'en s'embarquant, pendant une tempête et déguisée en homme, pour la Hollande.

La station balnéaire de Dieppe est fort à la mode depuis le jour, lointain déjà, où la duchesse de Berry — dont on voit le portrait au Musée de la ville — lui accorda la faveur de son patronage ; elle possède aussi une autre qualité exquise : elle est la plus rapprochée de Paris, le train des maris y arrive en un éclair, ce qui permet de calmer les impatiences les plus légitimes.

La plage est bordée d'un formidable bourrelet de galets divisés par des épis brise-lames et que la mer a apportés là comme pour lutter contre ses propres assauts. Au-dessus de ce large cordon s'étale jusqu'à la rue Aguado un vaste terre-plein de douze cents mètres de long sur deux cents mètres de large, orné de pelouses et de massifs d'arbustes ; mais un bon tiers de cette étendue, au pied de la falaise d'aval, est confisqué par le Casino et ses dépendances; de cette promenade la vue s'étend magnifiquement au large.

Le « public » ne se mêle pas sous la vague aux abonnés du Casino, toujours parqués en trois sections : hommes, femmes, « ménages », et qui, protégés contre les indiscrétions du profane par de solides barrières, se baignent dans une sorte de bassin réservé en face de l'établissement, tandis que les « indépendants » s'ébattent à leur droite jusque dans le voisinage de la jetée de l'ouest. De part et d'autre — la mer n'a point de préférences — on marche beaucoup sur le galet, un peu sur le sable, mais les privilégiés ont une estacade et des cabines roulantes qui les conduisent à la vague.

L'heure du bain.

La plage se prolonge très loin à droite et à gauche, aux heures de la marée basse : elle découvre vers l'ouest, jusqu'à Pourville, une grève longue où l'on rencontre des parcs formés de murailles de filets accrochés à des pieux et très explorés quand la mer est partie : on y va surprendre

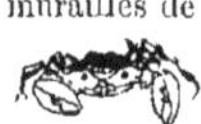

les crabes traînards et autres retardataires qui ont manqué le « train de marée descendante ». La falaise d'aval s'éventre en excavations curieuses comme une forteresse qui se démantèle ; elle se ronge sous les coups de mer et grossit toujours de ses débris le rempart de galets qui s'étale à sa base, « c'est avec ses propres morts qu'elle fait des barricades ». Au delà du chenal, s'étend jusqu'à Puys un champ très pittoresque de roches garnies de petites moules que l'on va cueillir jusqu'à l'heure où le flot arrive.

Lorsque la saison bat son plein et que le temps est beau, la plage et la ville de Dieppe offrent, les dimanches entre autres jours, un coup d'œil très chatoyant, extraordinairement varié. C'est dans cette station — au dire de certains guides qui nous paraissent, toutefois, aimablement exclusifs — que se rendent les familles les plus riches et les plus distinguées, les artistes les plus célèbres, les écrivains les plus illustres, etc. Nous y ajouterons, pour le plaisir des yeux, les charmeuses et les élégantes de première marque, accompagnées des gardénias les plus exquis et quelquefois, ainsi que dit *Gil Blas*, des Vieux-Carafons les plus flambants !

UN INSTANTANÉ

Dans les roches, entre Puys et Dieppe.

Sous le soleil qui embrase toute la vallée et fait étinceler le parterre de galets multicolores du rivage, flottent les légers pavillons du casino, au-dessus des toilettes Pompadour qui garnissent sa terrasse ; de frais costumes « sans-façon » et clairs émaillent le vert gazon de la promenade ; la pelouse est sillonnée par les joueurs du lawn-tennis traditionnel ; les jetées, le long remblai croulant du bord, se couvrent d'une foule endimanchée plus simple, mais coquette aussi, qui apporte sa note gaie et mouvante dans cet immense tableau plein de couleur ; quelques-uns se baignent, le paysage entier prend un air de fête ; seul, là-haut, sur la falaise que frisent les rayons du soleil couchant, le château, dominant toutes ces lumières, s'estompe, s'enveloppe d'ombre. Le vieux représentant du temps passé s'efface, et, comme un invité trop âgé, il se retire discrètement de ce monde bigarré, éclatant, exquisement « fin de siècle », équipé pour les batailles de fleurs, — lui qui n'a connu que des hommes casqués et bardés de fer, ou les piquiers, mousquetaires, hallebardiers et arquebusiers contemporains de son hôte royal, le Béarnais.

DIEPPE. — Un parc sur la grève, à marée basse.

Au large, les yachts déploient à la brise leurs grandes voiles en pointe.

Dans la ville, de riches attelages courent les rues : l'après-midi étant consacré aux promenades où l'on fait assaut d'élégance, à la flirtation et aux visites ; le matin est pris par le bain et la soirée par les cotillons, concerts, représentations théâtrales, les petits chevaux et autres jeux du casino.

Voulez-vous avoir une idée de l'animation extraordinaire de la ville pendant les « grandes journées » des courses ? Il nous suffira de vous dire qu'à ces heures peu champêtres tout Paris est à Dieppe. Avis aux amateurs !

Le port, seul refuge de la côte entre le Havre et Boulogne qui puisse recevoir des navires de fort tonnage, est protégé par deux longues jetées, celle d'ouest appartenant à Dieppe, celle d'est au Pollet ; de leur extrémité on jouit d'un beau panorama sur la mer et sur les falaises blanches et rigides. Le soir, répondant aux feux du chenal, clignote au loin notre vieille connaissance, le phare d'Ailly, qui projette sa lumière sur la passe où s'est échoué le *Victoria* en 1887.

Faisant face aux terribles souffles du nord-ouest, la côte est souvent battue par de violentes tempêtes ; les vents, contrariés par les hautes murailles voisines, viennent s'abattre jusque dans le port, profitant de la vaste échancrure qu'il ouvre à leurs rafales.

Le bel avant-port, qui mesure six hectares, est entouré d'un développement de quais de près d'un kilomètre, bordant d'un côté le Pollet, où s'amarrent les bateaux de pêche et, de l'autre, prolongeant les quais de la Poissonnerie et Henri IV, le long desquels courent les trains de marée depuis la gare de la ville jusqu'à la gare maritime. C'est à ce débarcadère que se transbordent sur des paquebots à destination de Newhaven les voyageurs pour l'Angleterre, et que les steamers anglais déversent leurs passagers dans les wagons en partance pour Paris ; service quotidien très important, surtout pour le transport des marchandises, parmi lesquelles les mannes odorantes de poisson que Dieppe envoie au marché de Paris. Un vaste bassin de retenue, d'une contenance de trente-six hectares, bordé de chantiers de construction, reçoit les eaux de la rivière d'Arques.

La plage de Dieppe, au dimanche.

Dieppe importe surtout de la houille anglaise, des fontes, des bois du Nord chargés sur de grands trois-mâts norvégiens; il exporte des céréales, des dentelles et ses ouvrages d'ivoirerie. Les flottes de ses intrépides flibustiers, rois des mers, de ses négociants aventureux, — Ango en tête, — ont promené leurs pavillons sur tous les océans ; ses hardis marins se sont distingués, aux XVe et XVIe siècles, en découvrant des terres inconnues ou en fondant des colonies sur les terres explorées par les valeureux Malouins. Ils auraient, dit-on, les premiers, doublé le cap de Bonne-Espérance et ouvert aux Européens le chemin du Nouveau Monde; de leurs diverses expéditions ils rapportèrent en France de la gomme, des métaux, de l'ivoire, et il est à croire que ce fut l'importation des dents d'éléphant qui donna naissance à l'industrie de la sculpture en ivoire, dont la ville de Dieppe s'est fait une spécialité.

Les armements annuels des navires pour la pêche de la morue à Terre-Neuve et du hareng sur les côtes d'Angleterre et d'Écosse, fournissent des ressources à sa marine : Dieppois et Polletais se livrent à la pêche fructueuse du maquereau renommé à Paris. A l'heure de l'arrivée des barques de pêche et de la vente à la criée, qui se font simultanément, le quai de la Poissonnerie est des plus pittoresques à voir de près.

Endroit populaire par excellence, qui fleure bon le poisson frais, il ne faudrait pas y chercher les échantillons de la plus pure beauté normande, mais vous y découvrirez des « Callot » authentiques du plus joli dessin : des têtes étranges et des loques étonnantes sur des formes invraisemblables.

Une bonne femme vend, auprès de nous, à plein tablier, des crabes à deux sous la douzaine. « Quelquefois c'est le mâle, dit-elle, le meilleur à manger, mais quelquefois aussi c'est la *fumelle* » : on est tout de suite renseigné ; toujours est-il que les succulents sont « péqnés à la main » et pas à la « collerette ».

A côté des halles se trouvent les arcades de la Bourse, qui abritent les terrasses de plusieurs

DIEPPE. — LE QUAI DE LA POISSONNERIE

DIEPPE. — Sortie du bateau de Newhaven.

cafés et débits toujours animées. A midi et à six heures passent là des centaines de jeunes filles employées à la Manufacture des tabacs et parmi lesquelles on remarque quelques types charmants de la jeunesse de Normandie.

Allons en face, rendre visite au Pollet, dont les pêcheurs et les pêcheuses ont plus d'une fois tenté nos peintres, qui ont trouvé là d'heureuses inspirations.

Le fond de l'Avant-Port.

LE POLLET

Le beau pont tournant qui fait communiquer la ville avec son faubourg est ouvert : ce sont des bateaux qui sortent. Pendant cette courte interruption du passage la foule s'amasse sur les deux rives; mais bientôt c'est aux bateaux d'attendre : le pont se referme et les deux flots humains marchant l'un vers l'autre l'inondent en un instant.

A défaut du costume de leurs aïeux, les Polletais en ont conservé les mœurs et le patois; à ce point de vue et pour le pittoresque de certaines de ses rues, le vieux quartier réclame une visite intime. Là se groupe une forte race de pêcheurs, à l'apparence robuste, faite dès l'enfance aux pénibles travaux de la mer. A cette époque de l'année, on n'en voit qu'un petit nombre au faubourg : aux approches de la belle saison, alors que le printemps nous apporte ses fleurs et embellit les campagnes des terriens, le morûtier s'équipe et part vers les horizons brumeux d'où il ne reviendra — et pas toujours, hélas! — qu'à l'automne, alors que la mauvaise saison chez nous lui donne plus de chances de gain dans la pêche côtière. Pendant six mois, il a *travaillé* dehors, heureux quand il rapporte aux siens une petite somme, faible et hasardeux produit de son métier périlleux.

Une vieille rue
au Faubourg du Pollet.

Patiente et passive, la femme ne chôme point en attendant son « homme » : elle raccommode les filets déchirés dans la campagne précédente, met une pièce aux voiles de la barque, tricote un gros gilet, reprise un peu tout; pour augmenter les ressources de la maisonnée, qui compte souvent des enfants et un vieillard, elle vend de la morue, des suroîts.

> Le logis est plein d'ombre...
> Des filets de pêcheurs sont accrochés au mur.
> Au fond, dans l'encoignure où quelque humble vaisselle
> Aux planches d'un bahut vaguement étincelle,
> On distingue un grand lit aux longs rideaux tombants.
> . . . .
> L'homme est en mer[1]...

Un Polletais.

Certaines rues du Pollet commencent à recevoir des habitués de bains de mer; un nombre toujours croissant de maisons neuves ou remises à neuf s'ouvrent chaque année aux familles qui veulent éviter les prix élevés de Dieppe. Mais dans le voisinage des bassins l'aspect n'a pas changé; les fenêtres encadrées de crochets se pavoisent des engins du pêcheur; sur de grandes perches

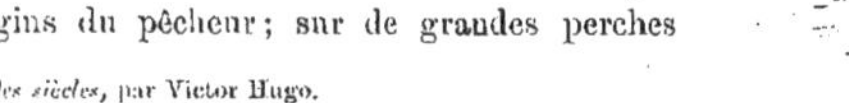

1. *La Légende des siècles*, par Victor Hugo.

pendent en festons des voiles rouges; de gros bas de laine, des tricots, des vareuses sèchent au soleil; un caban goudronné, coiffé d'un suroît ciré et qui a gardé la forme de « l'homme », flotte vide, comme une carapace éventrée. Sur les quais, des matelots en veste raide, la barbe brusquement coupée à la hauteur de la bouche, la lèvre supérieure rasée, deux petits anneaux aux oreilles, s'en vont les bras ballants, marchant lourdement comme dans un roulis.

A l'extrémité de la jetée de l'est, après avoir passé au pied du Calvaire du Pollet, qui se dresse en regard de celui de Dieppe, on arrive au pavillon du maître haleur. Louis Vain, dit Gelée, qui occupe le poste, est un vétéran du sauvetage : on nous apprend que cet homme a sauvé la vie à plus de cinquante de ses « semblables », si l'on peut s'exprimer ainsi. Fier de son histoire — on le serait à moins — et craignant de ne pouvoir nous la conter comme il convient, il s'en va nous tirer de son armoire, parmi les cordages et les couronnes, un carré de *Gil Blas* tout mariné de l'odeur pénétrante du goudron, cet encens de la mer. Sous le titre « Un héros », Jean Richepin y rendait hommage au courageux sauveteur qui avait déjà, à cette époque[1], arraché *cinquante-sept* personnes à la mer! « Chalutiers et foliers vont à la pêche aux poissons,

Le Calvaire du Pollet.

1. L'article est du 18 septembre 1882.

lui, c'est les chalutiers et les foliers qu'il pêche », dit le poète, et il ajoute : « Gelée attend toujours la croix ! » Aujourd'hui encore, le maître haleur, constellé de médailles, espère cette suprême récompense.

Les annales de la Société de sauvetage des naufragés inscrivent chaque année un chiffre énorme de personnes sauvées sur nos côtes par des actes de dévouement... récompensés. Combien d'actes héroïques... oubliés !

Arques-la-Bataille est à six kilomètres de Dieppe. On frète une voiture particulière sur le quai, ou, louant un canot aux nouveaux bassins, on remonte la jolie rivière, à moins que, plus simplement encore, l'on ne prenne le chemin de fer ou la patache. Dans la charmante vallée on croise la ligne de Rouen, près du champ de courses et, au delà des hameaux de Bouteilles et de Machonville, on arrive au bourg d'Arques dont le château démantelé et la forêt sont un but de promenade des plus séduisants.

Les ruines du château d'Arques.

Le donjon date du XIe siècle ; les autres parties de la forteresse, qui présente encore des ruines imposantes, ont été bâties aux XIIIe et XVe. Un bas-relief encastré au-dessus d'une porte laisse voir Henri IV monté sur son cheval de bataille ; un cicerone qui sait par cœur son Béarnais vous fera revivre au temps des Ligueurs : « Pends-toi, brave Crillon, vous dira-t-il superbement, nous avons vaincu à Arques et tu n'y étais pas. »

On revient à Dieppe par le village de *Martin-Église* que dessert la ligne du Tréport.

Puys et Berneval. — Passant derrière le Pollet, on gravit la Bastille, la haute falaise qui porte la chapelle Notre-Dame de Bon-Secours et qui doit son nom de guerre à un ancien fort dont il reste quelques débris. Après une demi-heure de marche à travers une campagne bien cultivée on descend dans le vallon où s'abritent — sans beaucoup d'ombrage — les élégantes villas de Puys. La plage, formée de galets, se prolonge à marée basse en une grève de sable agréable et sûre ; encore faut-il ne pas s'approcher du pied de la falaise : au mois de mars 1891, deux mille mètres cubes se sont écroulés, écrasant dans leur chute des enfants qui cherchaient du silex noir. De nouveaux éboulements sont toujours à redouter. Bien que les vents du nord-est y soufflent parfois, la station est fréquentée par un grand nombre de Parisiens dédaigneux de la vie tapageuse de Dieppe.

Dans les environs se trouve la *Cité de Limes*, ancien camp retranché dont les ruines s'envolent en poussière.

Aux baigneurs ennemis de tout luxe, qui fuient, à leur tour, la plage coquette de Puys, s'offre, six kilomètres plus loin, après *Belleville-sur-Mer*, Berneval, abrité

Un coin de la plage de Puys.

contre les vents par de hautes falaises aux formes bizarres, aux pointes étrangement découpées.

La longue grève de sable débarrassée — par extraordinaire — des galets qui encombrent le littoral

Les falaises et la grève de Berneval.

haut-normand, les environs frais et boisés recommandent ce séjour aux familles qui veulent à la mer une vie simple et reposante.

Nous abordons, d'ailleurs, en montant vers le nord, une longue suite de plages de ce genre au milieu desquelles trônent le Tréport et Boulogne-sur-Mer.

Le fond de l'avant-port et la gare.

LE TRÉPORT

En suivant la côte en voiture, on arrive au Tréport par *Biville-sur-Mer, Tocqueville* et *Criel.* Par chemin de fer, on passe à *Martin-Église, Envermeu* qui montre sa curieuse église du XVIe siècle, *Eu* que nous reviendrons visiter ; une lieue plus loin, on est au Tréport, sur les confins du département de la Somme, aux portes de la Picardie. Au sortir de la gare placée au fond de l'avant-port, on est tout de suite frappé par la vaste échancrure qui ouvre un ciel immense depuis la haute falaise d'aval, dernière côte normande, jusqu'à la falaise d'amont au-dessus de Mers, première terre picarde. L'œil est aussi agréablement accroché par l'aspect pittoresque de la ville en amphithéâtre et par le clocher de son église, Saint-Jacques, du XVIe siècle, située à mi-côte, au centre de la ville, dominant le quai. Les murs de Saint-Jacques, composés de carrés en silex et en grès, imitent la mosaïque et offrent extérieurement une amusante variété ; à l'intérieur, on admire de riches clés de voûtes d'où descendent au milieu de nervures entrecroisées une forêt de curieux pendentifs.

Le Tréport est une ville de près de cinq mille habitants, à l'embouchure de la Bresle qui sépare la Normandie de la Picardie. Station de bains très fréquentée, c'est aussi un petit port de commerce, un abri sûr contre les gros temps, un centre de pêche actif.

La ville basse s'étale sur le large quai bordé de petits bazars où l'on vend les bibelots de bains de mer; elle se relie à la ville haute, la plus ancienne, par de larges rampes, par l'escalier de l'église, et par une rue rapide qui passe sous un porche, au pied d'une tour du XVIe siècle au sommet inachevé. La curieuse rue de la Falaise dont

AU TRÉPORT. — La rue de la Falaise.

la perspective est arrêtée par les étages crayeux de la colline; les solides gars du pays; les porteuses d'eau au « joug », — nous approchons des Flandres! — les femmes coiffées du petit bonnet noir exclusivement adopté dans la contrée et qui les fait croire toutes en deuil, achèvent de donner à la ville un aspect particulier et pittoresque.

En montant au Calvaire.

La haute falaise qui domine à l'ouest l'établissement de bains est plantée de boulevards; un escalier de trois cent quatre-vingts marches, qui prolongent une pente raide ! y grimpe et aboutit à un calvaire d'où l'on jouit — c'est bien le moins — d'une vue admirable sur la mer, les côtes, la station de Mers, et sur l'agglomération curieuse des toits d'ardoises de la basse ville aux rues parallèles. On découvre de ce promontoire : le port entier; les deux jetées longues de deux cent cinquante mètres près desquelles s'élève une haute croix de fer forgé ; l'avant-port peuplé de barques de pêche ; la retenue

Au Tréport.
Vue prise des sommets sur le port et la vallée de la Bresle.

Le canal d'Eu à la mer. L'église Saint-Jacques.

où les eaux de la Bresle s'accumulent pour nettoyer le chenal ; un bassin à flot que prolonge à travers la campagne le canal d'Eu à la mer ; au loin, les collines intérieures verdoyantes et boisées.

Des caravanes de baigneurs et de baigneuses, Parisiens pour la plupart, enfourchent joyeusement des ânes indomptables, uniformément coiffés (pas les ânes) de casquettes blanches — qu'il est indispensable d'adopter si l'on ne veut pas se faire remarquer — et quittent pour excursionner aux alentours les quais continuellement égayés de leur départ.

Les porteuses d'eau au Tréport.

Les bains se prennent sur le galet mélangé de sable, à petite dose ; une agréable promenade formant terrasse borde la mer sur plus de cinq cents mètres de long, jusqu'au pied de la falaise à pic. D'élégantes villas dominent le petit casino ayant une belle vue au large et sur les côtes.

Le Tréport partage avec la station de *Mers* l'attrait des bains et des villas coquettes ; cette dernière plage, que ses tentes de forme originale font ressembler à un campement militaire, n'est en quelque sorte que son annexe. Au sommet de la falaise, sur un lourd piédestal de briques, se dresse une statue dorée de Notre-Dame des Flots.

De nombreuses tapissières qui stationnent sur le quai du Tréport invitent le touriste à se rendre

La plage de Mers, en face du Tréport.

Eu. — La rue du Tréport.

à **Eu**, où se raccordent, d'ailleurs, les chemins de fer de Dieppe et d'Abbeville. Le canal, qui, par le bassin à flot, est en relation avec la haute mer, donne à la petite ville située dans la riante vallée de la Bresle un aspect de port maritime. Les voitures s'arrêtent dans la rue du Tréport aboutissant à la place du marché, près de Saint-Laurent, qui plane majestueusement sur la ville. Cette église, de l'époque ogivale, a été remaniée au xve siècle à la suite d'un incendie causé par la foudre. Le grand portail, refait de nos jours, est d'une gracieuse simplicité ; à l'intérieur, on remarque la chaire, la balustrade et le tableau de la chapelle Saint-Laurent, archevêque de Dublin, qui mourut à Eu en 1181. Dans la crypte, sorte de musée souterrain, se trouvent une dizaine de statues anciennes fort curieuses. C'est à Saint-Laurent que se célébra le mariage des fondateurs des deux abbayes de Caen, Guillaume le Conquérant avec sa cousine Mathilde.

Eu. — Église Saint-Laurent.

La chapelle du collège mérite aussi une visite : construite aux frais de l'illustrissime dame Catherine de Clèves, épouse de Henri de Guise, la veille des calendes d'août MDCXXIV, elle renferme deux magnifiques tombeaux élevés l'un à la fondatrice, et l'autre au Balafré, son époux : le duc est revêtu de son armure et la duchesse est parée d'une ruche et d'une robe du temps. Ce fut dans cette église que Bourdaloue prêcha son premier sermon.

Le château, cher à Louis-Philippe, est un vaste bâtiment du XVIIe siècle, peu élevé, en briques avec pilastres en pierre et surmonté de toits aigus en ardoises; son beau parc, planté d'un grand nombre de hêtres et d'ormes, est disposé en terrasses.

Ault et Onival. — Le bourg d'Ault, comme on dit dans le pays, est situé à dix kilomètres du Tréport par Mers, Blaingues et Bellevue; des voitures y conduisent également par Eu. Le « chemin des douaniers » sur la crête des falaises, ou le bord de la mer à marée basse raccourcissent la route de quelques kilomètres; on profite alors, une dernière fois, des pittoresques aspects et des horizons

AULT. — LES DERNIÈRES FALAISES.

étendus que les hautes murailles n'ont cessé de nous offrir depuis le Havre : panoramas qui vont brusquement changer.

La tranquille plage d'Ault apparaît bien tourmentée par la mer ; les fortes marées minent la

Les grèves d'Onival.

falaise et jonchent de ses ruines le fond de la grève, qui, bordée de galets, semée de roches à fleur du sol, ne découvre qu'au reflux son banc de sable. Le bourg, que domine la tour carrée de sa vieille église du XVIe siècle, est peuplé de pêcheurs et de serruriers ; c'est, en effet, un laborieux petit pays où la fabrique de la serrurerie renforce les ressources de la saison des bains.

Au delà de la falaise nord on atteint le hameau d'*Onival;* après s'être relevées à Ault comme en un effort suprême, c'est à Onival que les falaises s'affaissent pour mourir et définitivement tomber en poussière. Nous ne découvrirons plus désormais de petites plages enfouies dans des vallées, au pied de hautes collines : les falaises ont achevé leur cours de plus de trente lieues ; elles arrêtent là leur immense façade concave à peine interrompue par quelques caps peu avancés et par les percées où souffle et siffle le *Norouais* rafraîchissant. Moins belles, assurément, que celles de l'incomparable Bretagne aux baies profondes et tourmentées, moins solides que son indestructible granit, elles n'en sont pas moins le grand attrait de la Haute-Normandie, une des côtes de France les plus pittoresques à parcourir. Est-ce à dire que les **Plages du Nord** où nous arrivons soient moins intéressantes à visiter ou peu agréables à habiter? Bien au contraire, elles nous réservent d'autres aspects grandioses et vont offrir aux pieds délicats le velours de leur sable fin.

On pourrait, en poursuivant sur la côte, d'Onival gagner la baie de la Somme dont la large ouverture projette en mer une coulée de lumière ; mais, avant d'entrer dans le *Pays des dunes*, passons par la ville voisine, Abbeville, sur la grande ligne des chemins de fer du Nord qui va de Paris à Dunkerque et par laquelle nous entrerons en Belgique après avoir vu tout le littoral.

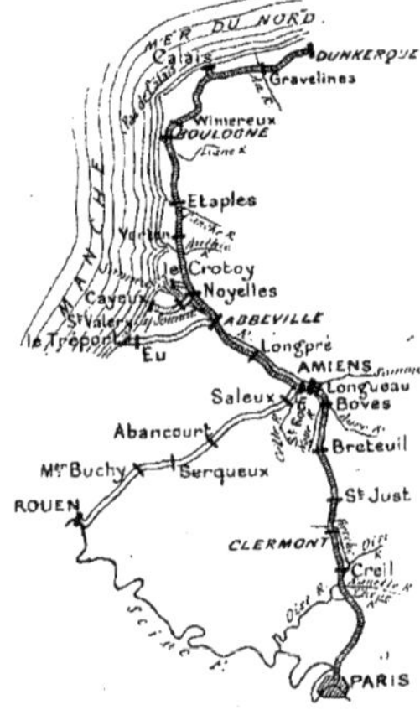

La ligne
de Paris à Dunkerque.

Une vieille rue à Abbeville.

ABBEVILLE

Abbeville, sous-préfecture picarde, compte vingt mille habitants; c'est une ancienne place forte et un port intérieur sur la Somme, qui s'y divise en deux bras; canalisée, elle ouvre ses larges quais desservis par un embranchement du chemin de fer à des navires de fort tonnage.

La visite peut être rapidement faite : de la gare on franchit le canal mettant la ville en communication avec la mer à Saint-Valery-sur-Somme, puis le bras principal de la rivière qui, avec son second bras, isole le quartier central pour en former une île.

Entré dans la rue Saint-Vulfran, on voit bientôt à droite la somptueuse façade et les hautes tours de l'église, des XVe et XVIe siècles, dont l'ensemble est fort imposant. Quand vient le soir, sur la plate-forme supérieure brille une lumière : c'est le poste du veilleur de nuit chargé d'annoncer les incendies à coups de cloche comptés suivant le numéro des

ABBEVILLE. — LE GRAND BRAS DE LA SOMME.

La maison dite de François Ier.

quartiers. Les vantaux de la porte principale sont ornés de sculptures remarquables ; l'auteur de *la Renaissance en France* nous apprend que l'exécution de ce travail ne demanda pas plus de deux années. Les sujets figurés sur cette porte sont empruntés pour la plupart à la vie de la Vierge. Dans une longue frise pleine de mouvement, cavaliers et fantassins sont engagés dans une lutte terrible : la seule arme dont il soit fait usage est un bâton noueux.

Au delà de l'église, sur la place Courbet, s'élève le monument érigé, le 17 août 1890, à la mémoire de l'amiral. Le 11 juin 1885, vaincu par la maladie, le vaillant Abbevillois rendait le dernier soupir à la tête de son escadre, à bord du cuirassé *le Bayard,* dans les mers de Chine, à Makung.

Le beffroi de l'hôtel de ville qui date du XIIIe siècle ; la belle église Saint-Gilles, de 1485 ; quelques maisons en bois avec étages en encorbellement, très anciennes, dont la plus remarquable est celle dite de François Ier ; enfin le riche musée Boucher de Perthes et le Musée d'Abbeville et du Ponthieu complètent les curiosités de la cité qui, bien mieux que les petits villages situés sur la mer, offre déjà — à cinq lieues du rivage — un cachet

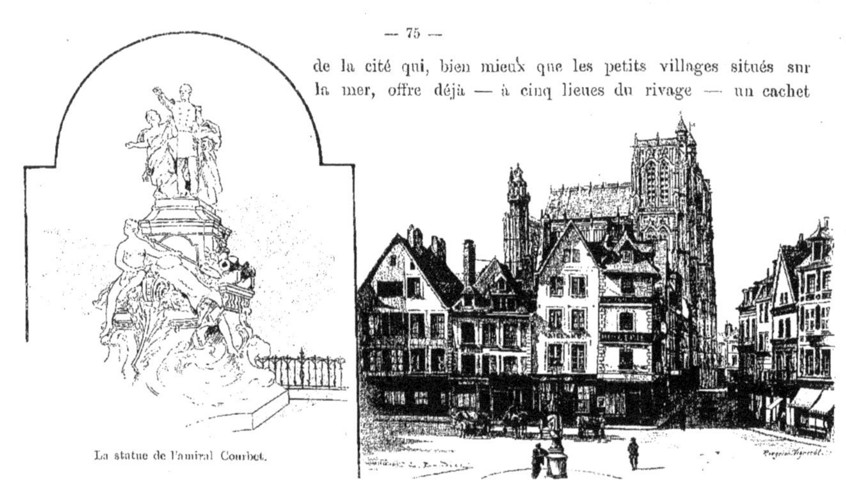

La statue de l'amiral Courbet.

Saint-Vulfran vu de la place Courbet.

provincial très marqué : c'est une de ces bonnes villes où tous les passants ne peuvent se regarder en face sans se reconnaître... et se saluer.

La Flandre est proche! Aux coins des rues, des niches abritent de petites Vierges devant lesquelles brûle parfois une bougie ; sur la table des cafés apparaissent les foyers de cendre chaude où les fumeurs piquent des allumettes de bois soufré pour allumer leurs pipes qu'ils fument lentement, à la flamande. A dîner, la boisson est double : on vous offre cidre et bière, à choisir, et le *flippe,* champagne picard, termine agréablement le repas.

A quatorze kilomètres d'Abbeville, la station de *Noyelles* nous met en communication par deux chemins de fer économiques avec Saint-Valery-sur-Somme et Cayeux, puis avec le Crotoy. Nous entrons dans le Pays des Dunes, et déjà le petit train nous en donne l'impression en nous faisant découvrir la *Baie de la Somme :* nous voilà sur le viaduc en bois à claire-voie, long de près de mille quatre cents mètres, que viennent battre les flots à chaque marée et qui, maintenant, enjambe de ses nombreuses arches un désert de sable. A droite et au loin, se montre la vaste embouchure du fleuve, au delà du Crotoy et de Saint-Valery-sur-Somme gracieusement assis sur sa colline verdoyante.

C'est un bien curieux spectacle que de voir ce vaste estuaire de plus de deux lieues de large, de jour en jour plus ensablé, au-dessus duquel voltigent pendant la mer basse des nuées de canards sauvages, s'inonder tout à coup avec une rapidité inquiétante quand le flot arrive et ramène du large une flottille de bateaux de pêche, se couvrir d'une eau bourbeuse où les mêmes canards s'ébattent avec joie. Il se fait des chasses merveilleuses dans cette baie, pendant l'hiver, au printemps et à l'automne, c'est-à-dire toute l'année, sauf — ô déception — à l'époque où les baigneurs y viennent. Les pingonins, les guillemots, les macreuses, les oies et les canards y arrivent en bandes et — tentation suprême! — des phoques (ces excellents mammifères que nous allons voir pour deux sous dans les foires et dont on a fait parfois des musiciens sans qu'ils aient montré d'aptitudes spéciales) descendent des mers froides jusque dans la baie de la Somme! Des veaux marins y viennent également mettre au monde leurs petits; mais bien avisés ceux qui prennent phoques et veaux marins.

Le grand viaduc du chemin de fer sur la baie de la Somme.

Cayeux. — Poursuivons, à trois lieues de là vers l'ouest, jusqu'au pittoresque bourg de Cayeux, petit port de pêche, tout en longueur, protégé contre l'envahissement des sables par un incommensurable bourrelet de galets. Autrefois, dit-on, surgissaient à la crête des dunes les débris de chaume d'un village enseveli; puis, des courants sous-marins ont changé les apports de la mer, et aujourd'hui d'abondants galets défendent le hameau. Ronds et roulants, en pente très inclinée, ils sont durs et fatigants pour les petits pieds qui veulent gagner le sable fin et solide de la grève; Cayeux exporte des galets — non sur les plages qui en manquent, — mais en Angleterre pour les fabriques de porcelaine.

LA PRINCIPALE RUE DE CAYEUX.

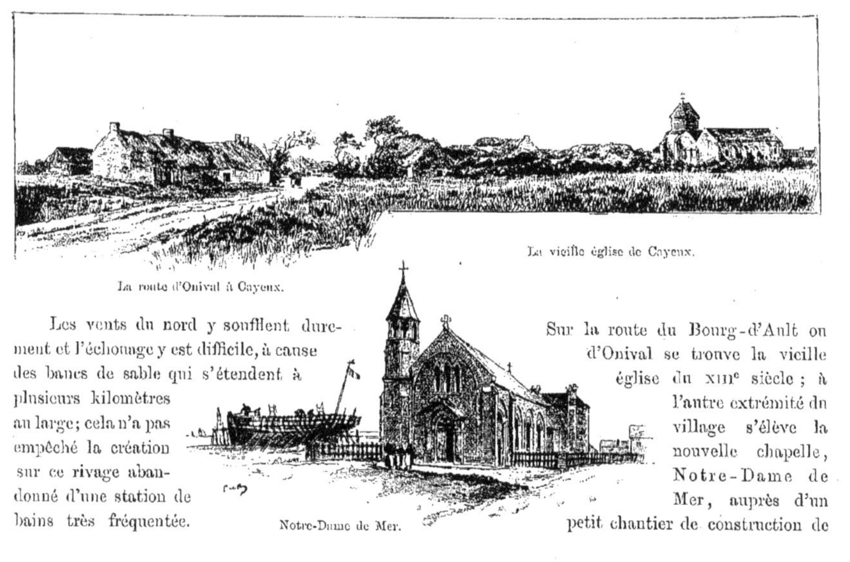

La route d'Onival à Cayeux.

La vieille église de Cayeux.

Notre-Dame de Mer.

Les vents du nord y soufflent durement et l'échouage y est difficile, à cause des bancs de sable qui s'étendent à plusieurs kilomètres au large; cela n'a pas empêché la création sur ce rivage abandonné d'une station de bains très fréquentée.

Sur la route du Bourg-d'Ault ou d'Onival se trouve la vieille église du XIIIe siècle ; à l'autre extrémité du village s'élève la nouvelle chapelle, Notre-Dame de Mer, auprès d'un petit chantier de construction de bateaux. Dans le voisinage, la halle au poisson, spacieuse, est toujours très curieusement animée à l'heure du retour des barques de pêche que des chevaux halent péniblement sur les galets; Cayeux a, d'ailleurs, pendant l'été un grand nombre de fines bouches à nourrir dans ses deux hôtels et ses casinos. On y récolte de bonnes petites moules appelées vulgairement des « cayeux ».

CAYEUX. — Le marché au poisson à l'arrivée des barques de pêche.

Le bourg n'a, pour ainsi dire, pas de rues tracées; on passe entre les maisons bâties sans ordre dans les dunes, qui couronnent sur toute son étendue le rempart de galets. Les habitations des pêcheurs ne sont guère que des chaumières formées d'un rez-de-chaussée unique construit souvent en argile et recouvert d'un toit de chaume. Ces huttes ne s'élèvent point au-dessus des replis du terrain, parce qu'il faut se cacher autant que possible contre les tempêtes et ne présenter aux vents que des murs bas, sans portes ni fenêtres du côté de la mer; il est bon cependant de se ménager plus d'une

La station de bains de Brighton.

issue, afin qu'à la suite des ouragans on puisse déblayer le sable qui emplit la rue et condamne la porte. L'habitant de Cayeux, si peu armé pour se défendre, a donc à lutter contre trois ennemis redoutables : la mer, le sable et le vent ; les humbles ex-voto de ses églises rappellent aux heureux touristes les jours de cruels combats et de dramatiques défaites. C'est avec regret et compassion pour le pauvre village que l'on regarde vers l'ouest les dernières falaises protectrices des petits ports.

Le rempart de galets qui protège Cayeux.

Sur une butte, à l'entrée de Cayeux, dominant la campagne qui semble stérilisée, un vieux moulin égaye de ses grandes ailes le gris paysage et marque l'emplacement d'un ancien donjon. Au delà d'un grand terrain vague, vers le Nord, à quinze cents mètres environ du bourg se dressent un phare et un sémaphore ; une station balnéaire, *toute neuve,* a groupé là sous le nom de *Brighton* ses villas en briques autour d'un casino.

Le vieux moulin de Cayeux et les maisons du bourg.

Nous sommes sur la route du *Hourdel,* que l'on gagne plus facilement à mer basse, en suivant la plage au-dessous du galet. Les maisons s'alignent le long de ce petit port de refuge dont la pointe est prolongée par une jetée munie d'un feu de marée. La digue est formée des galets arrachés aux falaises d'Ault et du Tréport et qui arrêtent là, à l'embouchure de la

Somme, leur marche envahissante vers le Nord. Le Hourdel fait face aux pittoresques cabanes de Saint-Quentin qui, sur la rive droite, au delà des larges bancs de la Somme, commandent l'entrée de la rivière. La plage du Hourdel est fort jolie et ses cent habitants attendent un casino! Revenant de Cayeux par le chemin de fer à la station de Saint-Valery-sur-Somme, on traverse sur

Le petit port du Hourdel à l'entrée de la Somme.

un double pont-levis la dernière section du canal d'Abbeville qui conduit à la mer ses eaux tranquilles, entre deux longues rangées de peupliers. Rien, à notre avis, n'est triste comme un canal! Le calme paysage est animé par quelques chevaux qui, sur la berge, remorquent lentement de lourds bateaux jusqu'à Abbeville et leurs hennissements paisibles troublent seuls le silence du morne rivage.

Saint-Valery-sur-Somme, à six ou sept kilomètres de la pleine mer, se divise en ville basse, la Ferté, centre commercial et maritime, et en ville haute, séparée de la précédente par le quartier des pêcheurs et la longue rue du Romerel. Dans la basse ville, une vieille construction porte sur sa façade une inscription commémorative du passage de Guillaume, qui, parti de Dives, était venu échouer dans ce port en allant conquérir l'Angleterre. La ville haute renferme plus d'un souvenir du passé : une vieille porte du XIIe siècle recouvrant des souterrains ; une église, Saint-Martin, bâtie au XVIe siècle et que domine la tour Gonzague ; de vieux remparts et quelques ruines. C'est que Saint-Valery n'est tranquille que depuis la fin du XVIIe siècle ; prise, pillée, brûlée, ruinée pendant trois ou quatre siècles d'époque troublée, la petite ville offre aujourd'hui aux plus calmes des baigneurs non pas une plage, mais bien deux établissements de bains : l'un à la Ferté, l'autre au pied de la haute ville.

SAINT-VALERY-SUR-SOMME. — Les bains de la Ville-Haute.

De Saint-Valery, on peut se rendre directement au CROTOY en traversant la Somme, sauf pendant les plus petites marées de morte eau, — alors, comme nous l'avons dit, la bifurcation de Noyelles y con-

La baie de la Somme à la pleine mer, entre Saint-Valery et le Crotoy.

duit ; — à marée basse, on fait la route dans les sables, à pied... mouillé ; à marée haute, un gros canot à voile fait le service, ou encore on prend une barque et un pêcheur què l'on arrose préalablement d'un petit verre de schiedam, et le brave homme vous « traverse » à l'amiable vous et votre famille.

Le Crotoy en face de Saint-Valery-sur-Somme.

De façon ou d'autre, on débarque dans le petit port d'échouage situé sur une langue de terre qui, partant des plaines du Marquenterre, s'avance vers le milieu de la baie de Somme.

Le Crotoy recouvre, paraît-il, un ancien hameau devenu la proie des sables; son clocher fortifié et les silhouettes de ses maisons dominant les anciens remparts apparaissent de loin, au-dessus de l'horizon plat, isolés sur le petit promontoire où le village est bâti; sa rue pittoresque rappelle un peu Cayeux, mais l'établissement de bains y apporte une note moderne. Le phénomène du mascaret est, dans l'estuaire, des plus curieux à voir, comme à Caudebec.

La grande rue du Crotoy.

La vue s'étend au loin : au fond de la baie, du côté de Saint-Valery, sur la mer, sur des dunes immenses, vastes alluvions sableuses étalées le long de la rive et que dépose le courant de flot ralenti dans sa vitesse avant d'aller s'épanouir dans la Mer du Nord; le bassin de retenue du Crotoy balaye les passes conduisant au large.

Reprenons la grande ligne de Boulogne et traversons le *Marquenterre*, plaine basse de vingt mille hectares, qui s'étend entre les embouchures de la Somme et de l'Authie ; les ensablements et l'Authie franchis, nous ne manquerons pas de descendre à Rang-du-Fliers-Verton, troisième station après Noyelles, d'où une voiture publique conduit à Berck-sur-Mer. — Nous avons quitté la Somme et la Picardie pour l'ancien Artois, en entrant dans le département du Pas-de-Calais.

Le port d'échouage du Crotoy.

Le bourg de **Berck-sur-Mer** est à environ quinze cents mètres de sa plage, à laquelle il est relié par une longue route bordée de maisons qui traverse des champs cultivés; nous remarquons, en passant, au croisement d'un chemin, un vieux calvaire dont le piédestal rustique est couvert de lanternes éteintes : ce sont des fanaux de barques de pêcheurs que les femmes de Berck déposent ainsi en guise d'ex-voto.

Bien qu'à cinq ou six lieues à peine de Cayeux, on peut s'en croire ici très éloigné : petite ville florissante, port d'échouage d'un grand nombre de bateaux de pêche, Berck possède une longue plage entièrement sablonneuse sans *un* galet ! On embrasse d'un coup d'œil sa surface unie de près de quatre lieues de long, qui s'étend de l'embouchure de l'Authie à la baie de la Canche ; vers le nord, apparaissent de nouveau des falaises : ce sont les escarpements du Boulonnais que nous allons explorer.

Les baigneurs sont, à Berck, tout à fait chez eux, et, comme leurs chalets avoisinent la mer, la plupart suppriment la cabine et vont tout droit à la vague montante, au milieu des barques de pêche que ramène le flot. Grâce aux caresses du sable fin et chaud, les chaussures sont à peu près inconnues dans la station ; Berckois et autres marchent pieds nus avec volupté. On fait des parties de barques au large, de grandes promenades à ânes à travers les sables, chassant le lapin qui pullule dans d'immenses garennes et le gibier d'eau qui peuple les marais environnants.

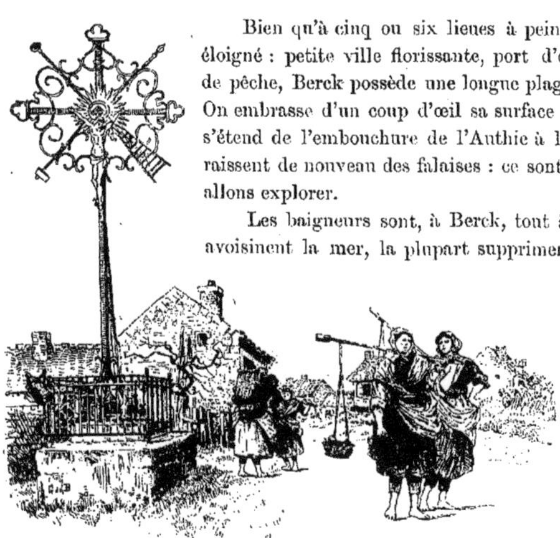

Les fanaux déposés au pied d'un calvaire, à Berck.

On vit dans ces contrées intimement mêlé aux indigènes, et c'est un grand attrait pour tous, petits

BERCK-SUR-MER. — La pêche de la crevette.

et grands ; on part avec les femmes à la recherche du ver marin que l'on pioche dans le sable et qui est une amorce fort estimée dans le pays, ou bien, dans un costume *ad hoc,* — accompagné des pêcheuses en jupon rouge et court, les jambes nues, ficelées dans leur épais corsage, — on s'en va prendre au filet la crevette qui abonde sur la côte. Un spectacle réjouissant, c'est de voir l'atterrage et le dessablage des lourds bateaux

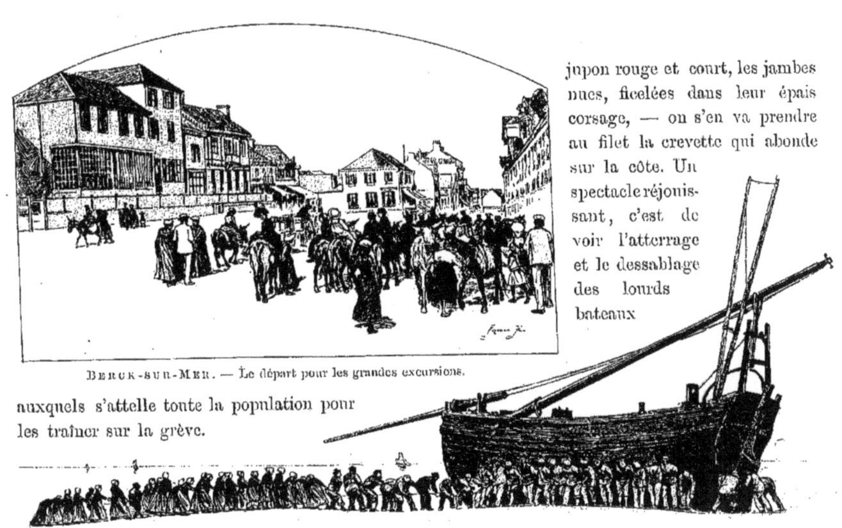

BERCK-SUR-MER. — Le départ pour les grandes excursions.

auxquels s'attelle toute la population pour les traîner sur la grève.

Le dessablage d'un bateau.

On part en excursion jusqu'à *Fort-Mahon* voir, à mer basse, tendre les filets : les malins pêcheurs enfoncent dans le sable une barrière perfide que l'eau recouvre entièrement à la marée et, au reflux,

A FORT-MAHON. — Pêcheurs tendant leurs filets.

armés d'une bêche, ils retirent des profondeurs quantité de poissons arrêtés par les fines mailles, limandes, plies, soles et autres nageurs qui rasent les fonds.

Aux deux extrémités de la plage de Berck s'élèvent deux hôpitaux pour les enfants malades, dont la

BERCK-SUR-MER. — Le grand hôpital d'enfants.

faible constitution peut être réconfortée par l'air de la mer et les senteurs de la forêt de pins voisine.

Nous avons recueilli à Berck un petit tableau très original : la cérémonie d'inauguration d'un calvaire dans le voisinage du phare. Il nous suffira de vous mettre sous les yeux ce nouveau crucifiement

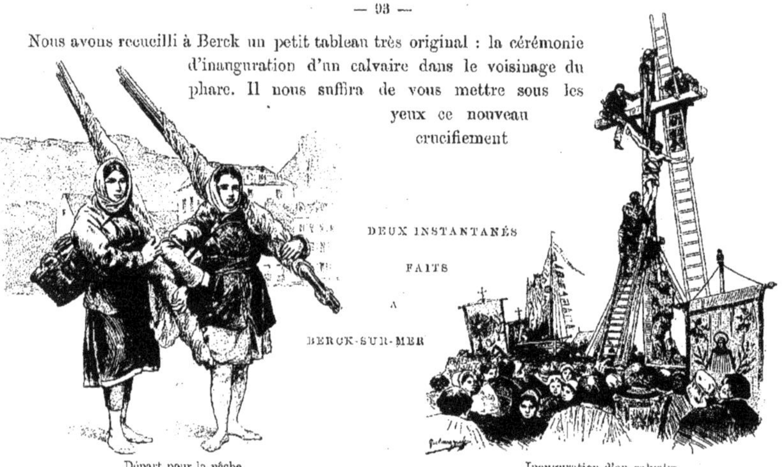

DEUX INSTANTANÉS FAITS A BERCK-SUR-MER

Départ pour la pêche.

Inauguration d'un calvaire.

« à la manière de Rembrandt » pour que vous jugiez de son effet tout particulièrement pittoresque.

De nouveau, le train court rapide; en franchissant la baie de la Canche sur un viaduc de trois cents mètres, nous découvrons sur la rive gauche deux beaux phares; ce sont les feux du *Touquet,* élevés de cinquante-trois mètres. La grève qu'ils annoncent, — *Paris-Plage,* — de sable fin, présente une vaste étendue, et la station de bains se trouve agréablement encadrée du côté des terres

L'heure de la marée à Berck-sur-Mer.

par une forêt de pins magnifiques et par de belles prairies en bordure sur la rivière. Sur la rive droite de la Canche se trouve *Étaples,* que l'ensablement de la baie a réduit à l'état de petit port de pêche. Après avoir laissé à droite la ligne de Saint-Omer, nous sommes dans la vallée de la Liane : un fragment du train se détache pour conduire directement à Calais les voyageurs pressés qu'attendent

Les bords de la Canche, près de Paris-Plage.

les paquebots de Douvres ; les premiers wagons entrent dans la gare fermée de Boulogne-sur-Mer.

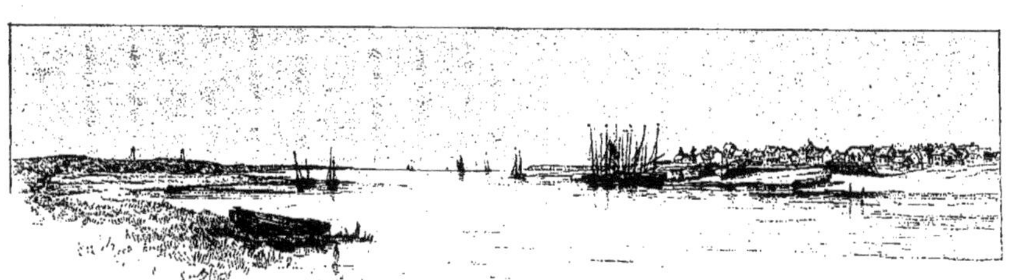

Les phares du Touquet. Étaples.

La traversée de la Canche, avant d'arriver à Boulogne.

BOULOGNE-SUR-MER

Boulogne est par excellence, pendant la belle saison, une station de bains anglo-française. Sous-préfecture de quarante-six mille habitants, la ville est située à l'embouchure de la Liane, *encore* sur la Manche, à quatre lieues du Détroit du Pas-de-Calais. On est tout de suite séduit par l'aspect de cette jolie cité qui se développe en amphithéâtre sur une colline élevée.

La gare, vaste construction en briques toute hérissée de petits créneaux, est placée dans le faubourg industriel de Capécure, qui a son pendant de l'autre côté de la rivière, à Bréquerecque. Elle

L'avant-port de Boulogne.

Le bassin à flot. Le quai Chanzy.

débouche place Bellevue, sur le quai Chanzy, près de l'arrière-port que limitent en amont le pont de l'Écluse et en aval le pont Marguet, au-dessus des portes du Bassin de chasse. Sur ce quai, relié avec le réseau du chemin de fer du Nord, se trouve la gare maritime des paquebots de la Compagnie South-Eastern-Railway, conduisant à Folkestone et Londres, ligne la plus directe entre Londres

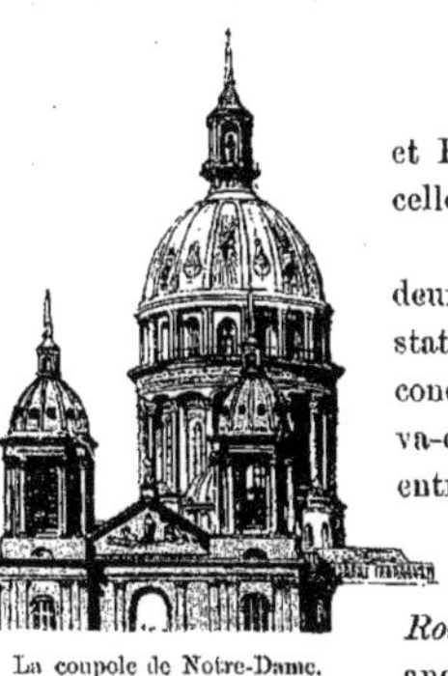
La coupole de Notre-Dame.

et Paris; mais qui oblige à une traversée dépassant de quelques minutes celle de Calais à Douvres.

Le pont Marguet est la principale voie de communication entre les deux rives de la Liane; aussi est-il toujours très animé; il aboutit entre la statue de Frédéric-Sauvage et la Halle au poisson sur le quai Gambetta qui conduit à la plage. Un petit tramway, dans un éternel mouvement de va-et-vient, court de Capécure ou du centre de la ville jusqu'au Casino, entre le port d'échouage garni de navires de toutes dimensions et une longue suite d'hôtels, *English Bar Coffee Room,* restaurants et pensions qui offrent *Dinners at 4 fr. (including wine) : Soup, Fish, Roast, Vegetables and Sweets* aux appétits exotiques de ce séjour franco-anglais.

A chaque extrémité de l'arrière-port, les longues rues de Faidherbe et de la Lampe — celle-ci prolongée par la Grande-Rue où se trouvent l'église Saint-Nicolas et le Musée — montent en pente rapide à la haute ville. Ces rues sont coupées par les rues Victor-Hugo et Adolphe-Thiers, larges, régulières, aux trottoirs pavés en losanges de marbre blanc et noir et que bordent les beaux magasins. La *haute ville,* située au point culminant où plane la coupole de Notre-Dame, comme le dôme du Panthéon domine Paris, est circonscrite par une enceinte de remparts datant du XIIIe siècle, compris entre deux boulevards intérieurs et extérieurs qui forment d'agréables promenades d'où la vue s'étend au loin. Trois portes donnent accès dans cette ville qui renferme le palais de justice, construit en 1852;

l'hôtel de ville, du XVIIIe siècle, restauré en 1854; le beffroi, composé de deux masses superposées des XIIIe et XVe siècles et d'où, comme à Abbeville, un guetteur signale les incendies par des sonneries diverses; l'ancien évêché du XVIIe siècle; enfin l'église Notre-Dame, élevée de 1827 à 1866 dans le style gréco-romain, sur l'emplacement de la cathédrale. La crypte renferme des parties de l'ancien édifice et des sépultures curieuses; la chapelle de la Vierge est un but de pèlerinage où l'on se rend en procession pour embrasser un fragment de la statue de Notre-Dame de Boulogne.

Une des portes de la Haute-Ville.

Derrière la haute ville se trouve le Château du XIIIe siècle, converti en caserne, dans lequel fut enfermé après « l'affaire de Boulogne » Louis-Napoléon — plus tard Napoléon III.

En suivant le boulevard Mariette, où l'on voit la statue de Mariette-Pacha par Jacquemart, et la rue de Flahaut, on arrive aux Tintelleries, place plantée d'arbres, ornée d'un pavillon pour la musique et que coupe en tranchée la grande ligne de Calais qui traverse la ville : elle franchit la Liane en arrière du bassin de retenue sur un viaduc de dix-huit arches, tourne brusquement pour se rapprocher de la mer, et va courir sur le plateau qui domine Boulogne vers le nord.

Du square Navarin, on pénètre par la rue tortueuse de la Tour-d'Odre, — nom du phare élevé sur ce point de la côte par Caligula, — dans le pittoresque quartier des Marins, au-dessus duquel s'élève l'église Saint-Pierre, bâtie de 1844 à 1850 dans le style du XIVe siècle. De curieuses rues en escaliers, souvent recouvertes de filets de pêche tendus pour sécher d'une fenêtre à l'autre, les rues du Fort-en-Bois, de la Falaise, du Mâchicoulis, vous ramènent sur le quai, en face du Casino précédé d'un vaste et beau jardin.

La rue du Mâchicoulis.

La plage magnifique, toute de sable fin, s'allonge en pente douce bordée par le boulevard Sainte-Beuve que domine la falaise. Des cabines à roues attelées d'un cheval vous traînent à la mer.

Il y a un second établissement de bains, plus modeste, au sud des jetées, à Capécure.

Boulogne réunit toutes les distractions d'une grande ville et d'un port très actif : les régates et les courses y attirent beaucoup de monde. Que d'Anglais on y rencontre! à demeure ou « flottants », amenés par des bateaux d'excursion à prix incroyablement réduits! les quais, les jetées, la plage en regorgent; aussi les mœurs, les plaisirs, les enseignes et la cuisine y sont-ils sensiblement « britanniques ». Mais, ne vous y trompez pas, ces Anglais sont très gais, très communicatifs, et il n'est pas toujours nécessaire de leur être présenté pour qu'ils daignent vous regarder. Chez eux, oui, sans doute, ils sont austères et l'on va jusqu'à prétendre qu'ils mettent, le dimanche, des housses aux bascules automatiques pour leur faire observer le repos dominical, mais chez nous c'est autre chose; ils y

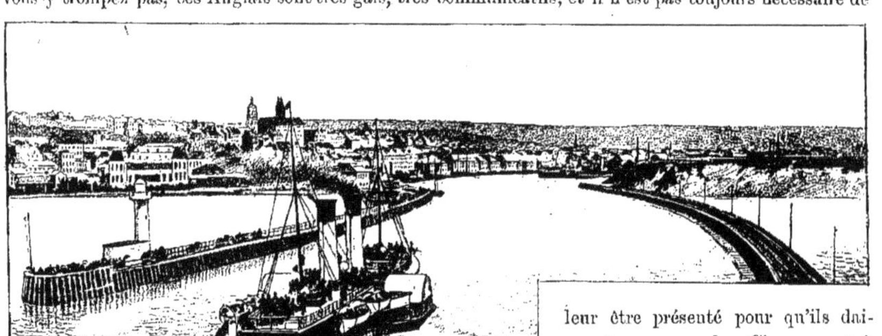

BOULOGNE. — Le bateau de Folkestone.

viennent pour s'égayer et ils n'ont garde d'y manquer. Les Boulonnaises sont, d'ailleurs, charmantes à voir, avec leur mine éveillée et fraîche qu'encadre délicieusement l'auréole de leurs bonnets. Elles sont coquettes dans toute la gracieuse acception du mot : chaussées de mignons sabots, ou plutôt reposant comme par miracle sur de petites semelles de bois inclinées depuis le haut talon jusqu'à la pointe du pied, la jupe écourtée ; le visage cerné du large tuyauté blanc à fond brodé, de longues boucles retombant de leurs oreilles délicates ; le buste long, la taille fine et bien prise. Gentilles aussi, les petites « matelotes » qui vont et viennent à midi et à sept heures, de Capécure où elles travaillent au quartier des Marins où elles habitent ; celles-ci, plus simples, coiffées d'un bonnet plat avec fond retenant le chignon, les unes en noir, les autres en marron-capucin, marchent bras dessus bras dessous, faisant gaiement claqueter leurs petits sabots sur le pavé du quai ; elles sont quelques centaines occupées au faubourg, chez des armateurs, à la fabrication des filets de pêche.

Le port de Boulogne s'est considérablement développé depuis ces dernières années ; il comprend : un vaste bassin de retenue qu'alimente la Liane, un arrière-port, un bassin à flot, un port d'échouage qui s'ouvre entre deux longues jetées, une rade d'une cinquantaine d'hectares formée par la nouvelle digue. Le manque de profondeur du chenal et de l'avant-port envahis par les sables et la vase avaient, depuis longtemps, appelé l'attention des hommes compétents : leurs préoccupations se trouvaient justifiées par la situation géographique de Boulogne, qui occupe sur la Manche, à l'entrée du Pas-de-Calais, une position analogue à celle de Calais à la sortie du Détroit, sur la Mer du Nord. On décida de créer un *port en eau profonde,* pour assurer un abri contre les tempêtes à la nombreuse flottille de bateaux qui se livrent à la pêche le long des côtes françaises de la Manche et de la Mer du Nord, et aux navires surpris par le mauvais temps à l'entrée ou à la sortie du Détroit. Il fallait aussi améliorer les conditions d'accès du port aux pêcheurs et procurer des quais accostables *à toute heure* aux paquebots qui font le service entre la France et l'Angleterre. De là, les travaux exécutés depuis 1879 entre Capécure et le Portel, ainsi que dans le chenal et le port d'échouage. La digue sud-ouest, perpendiculaire à la côte, prolongée par la digue du large qui lui est parallèle, forme une jetée brise-lames de deux mille cent dix mètres de longueur totale, terminée

La halle au poisson et les petites « matelotes » sur le quai Gambetta.

La plage et l'entrée du port de Boulogne-sur-Mer.

par un musoir capable de résister aux plus violents coups de mer ; grâce à cette construction audacieuse, l'entrée du port est abritée contre les vents du sud-ouest, et le courant de flot qui passait autrefois en tête des jetées se trouve aujourd'hui reporté au large. Le port de Boulogne, défendu par plusieurs batteries et plusieurs forts, est éclairé par une dizaine de feux que croisent à gauche et à droite les deux phares d'Alpreck et du Gris-Nez.

La jetée du nord-est, à claire-voie, qui prolonge le quai du Casino, est un but de promenade ; de son extrémité on découvre : toute la plage d'où monte une large route carrossable au sommet de la falaise ; au nord le cap Gris-Nez, la mer, et vers le sud la digue, la rade, les falaises escarpées du Portel et le cap d'Alpreck. Sur cette estacade se trouve la remise du grand canot de sauvetage, à côté d'un restaurant où l'on peut se donner en dînant la sensation du mal de mer quand les vagues battent furieusement les charpentes tapissées de varechs et de coquillages qui servent de pilotis.

A l'heure de la sortie ou de la rentrée des bateaux de pêche, cette jetée est très animée : souvent,

LA SORTIE DES BATEAUX DE PÊCHE REMORQUÉS.

les barques quittent le port par groupes, remorquées à la vapeur afin de gagner rapidement le large ; d'autres fois, lorsque la mer est calme comme un lac, le bateau sort seul, silencieux, pour l'expédition nocturne.

Quand la marée ramène les pêcheurs au port, que le bateau accoste, que l'amarre est lancée et fait de ses enroulements une cravate au cabestan du quai, il faut aller voir débarquer les grands paniers remplis de poissons verts et argentés dont le ventre brille comme une armure au soleil : soles, limandes, merlans, turbots, congres, maquereaux, raies, éperlans, vives aux piqûres dangereuses, chiens et diables de mer !

Puis on entre à la Halle, où commence la vente à la criée : l'arrivée incessante des mannes aux chatoyants reflets, les acheteurs aux aguets, les crieurs à la voix puissante ayant l'œil et l'oreille partout, les vendeurs affairés disposant leurs lots avec symétrie offrent un spectacle amusant. Les pêcheuses boulonnaises étalent la crevette fraîche, des porteurs pliant sous le poids du chargement vident leurs hottes pleines de congres qui ressemblent à des serpents, de chiens de mer gros comme des crocodiles et qu'on vend vingt sous pièce ! Ouvert, salé et poivré, ce poisson peut se conserver six mois ; on le mange par tranches : c'est le saumon du pauvre.

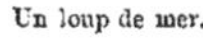
Un loup de mer.

LA HALLE AU POISSON DE BOULOGNE-SUR-MER.

Quelquefois, un hideux diable de mer, dont la queue se vend trois francs sans que le reste vaille un sou, fait la joie des curieux avec sa tête monstrueuse. Les harpons dont elle est armée lui servent à saisir sans un mouvement qui trahisse sa présence, aplati sournoisement sur le sable sous-marin, les poissons imprudents qui nagent à sa portée.

BOULOGNE. — Vente à la criée du hareng.

La vente à la criée du hareng est aussi fort intéressante ; c'est une véritable Bourse où les transactions se font sans qu'on y apporte les valeurs à vendre : le hareng est encore en mer, faisant route à fond de cale pour Boulogne, qu'il est déjà vendu à la Halle. L'industrie de la pêche, et spécialement celle du hareng, a pris une extension telle dans cette ville qu'elle est aujourd'hui le plus important de tous les ports de pêche de France.

Ne quittons pas Boulogne-sur-Mer sans dire que c'est la patrie des *deux* Coquelin, qui, par extraordinaire et pour cette fois seulement, ne nous en voudront pas de désunir leur auguste trinité.

Dans une des promenades aux environs, on se rend par les hauteurs à la Colonne de la Grande-Armée. Haut de cinquante-quatre mètres, surmonté d'une statue en bronze de Napoléon Ier, cet obélisque fut élevé de 1804 à 1811, en souvenir de la distribution de croix d'honneur faite au Camp de Boulogne; de la plate-forme la vue s'étend jusqu'à *Audresselles,* en avant du cap Gris-Nez, en passant par-dessus *Wimereux,* — petite station de

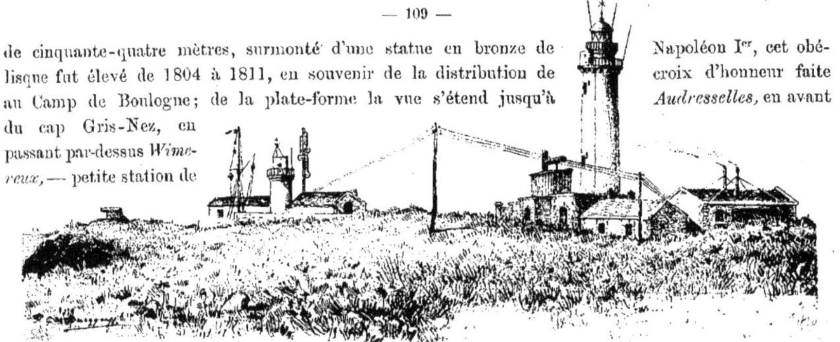

Le sémaphore et le phare du cap Gris-Nez.

bains aux maisons éparpillées, sans un arbre! — et *Ambleteuse,* dont la rade était jadis excellente et qui n'est plus aujourd'hui qu'un pauvre village ensablé. Quand le temps est clair, les falaises crayeuses de l'Angleterre se dessinent à l'horizon.

Le **Détroit du Pas-de-Calais** s'ouvre au cap Gris-Nez où finit la Manche qui commence à Roscoff, en Bretagne. D'une largeur relativement restreinte, de moins de dix lieues sur quelques points, ce passage est également d'une faible profondeur, puisqu'on a reconnu que si la mer baissait sur ses rives de sept mètres seulement, il surgirait une île au milieu de l'étroit canal ; mais c'est au contraire le sol qui s'abaisse dans la Manche et le Détroit. De même, les côtes anglaises et françaises, minées par l'eau, reculent sans cesse l'une devant l'autre ; le *Gris-Nez*, le plus rapproché de l'Angleterre, se dresse à cinquante mètres au-dessus du niveau de la mer ; toujours entamé par les vagues avec lesquelles il lutte de front, il se retire en moyenne de vingt-cinq mètres par siècle.

LE CAP GRIS-NEZ. — Entrée du détroit du Pas-de-Calais.

La mer est dure dans ces parages et il faut toujours choisir son heure pour s'engager dans le Détroit; le chenal de navigation qu'indiquent des bateaux-phares est à peu près à égale distance des deux murs de falaise que l'on aperçoit dans la brume des côtes. Le sommet du promontoire est surmonté d'un sémaphore relié télégraphiquement à Wissant et d'un phare électrique de soixante-neuf mètres de haut, d'une portée de vingt-deux milles : dans ce désert, « l'Humanité est là qui veille », selon le mot de Michelet, et lorsque nul astre ne paraît au ciel, le marin voit encore celui-ci : l'étoile de la Fraternité. Une sirène hurle aux navires le redoutable voisinage du cap.

De Gris-Nez à Blanc-Nez la côte se creuse en un demi-cercle où s'abrite Wissant. Le *Blanc-Nez,* haut de cent trente-quatre mètres, recule chaque année devant ses ruines. A marée basse, on peut doubler le cap jusqu'à Sangatte ; à un kilomètre plus loin ont été commencés les creusements du tunnel sous-marin entre la France et l'Angleterre. Sur les cinquante kilomètres de littoral français qu'il nous reste à parcourir pour gagner la frontière, nous n'avons plus à voir que Calais, Gravelines, Dunkerque, Rosendaël. La ligne des dunes recommence, et toujours nous continuerons à marcher en façade sur la mer, sans jamais pousser vers le large de ces pointes hardies qu'offre la dentelle des côtes de Bretagne, déchirées en baies profondes.

LE CAP BLANC-NEZ. — Sortie du détroit du Pas-de-Calais.

CALAIS

Porte de la citadelle.

Calais est le trait d'union entre la France et l'Angleterre. Si le Havre par Southampton, Dieppe par Newhaven, et Boulogne par Folkestone embarquent des passagers pour Londres, il faut reconnaître que ce n'est qu'en petit nombre comparativement à Calais où « l'enjambée » est plus facile et plus prompte. De là part comme une flèche le train de la malle des Indes et sur ce point s'établissent les relations postales, télégraphiques et téléphoniques entre Français et Anglais.

Place forte de premier ordre, c'est une ville de soixante mille habitants, y compris Saint-Pierre-lès-Calais, qui forme aujourd'hui le centre important du commerce et de l'industrie. Tandis que le port — la vieille ville, le Calais du moyen âge — étouffait à l'étroit dans ses anciens remparts, le faubourg qui s'était formé tout autour des zones de servitude militaire se développait sans cesse et avait atteint le chiffre de quarante mille habitants lors de sa réunion à Calais, en 1885. Aujourd'hui, à la suite du déclassement des anciens fronts nord, est et sud, une nouvelle enceinte fortifiée englobe les deux villes de Calais et de

Saint-Pierre, que l'on appelle Calais-Nord et Calais-Sud; à l'ouest, on a conservé de l'ancien système de défense la Citadelle — isolée par le chenal d'Asfeld, un bassin et le canal de Calais, — qui renferme un arsenal bâti au XVIIe siècle par Richelieu.

Situé à l'embouchure de plusieurs canaux, à la sortie du Détroit, à l'entrée de la Mer du Nord et

CALAIS. — L'Avant-port et la Gare maritime du Chemin de fer du Nord.

en vue du port de Douvres, le port de Calais doit son animation et sa prospérité à cette position exceptionnelle et à son rôle de gare internationale[1]. Il comprend un avant-port, un port d'échouage, une darse de pêcheurs, deux bassins à flot, un arrière-bassin, une forme de radoub, des canaux de

1. Nous devons à la gracieuse obligeance de M. Vétillart, ingénieur en chef des ports maritimes du Pas-de-Calais, à qui nous en exprimons tous nos remerciements, les renseignements que nous donnons — forcément résumés — dans ce petit livre sur les ports de Boulogne et de Calais. Nos lecteurs auront ainsi un aperçu des travaux grandioses accomplis actuellement dans ces deux villes.

navigation intérieure, d'immenses bassins de chasse et un chenal que l'on élargit jusqu'à cent vingt-cinq mètres entre deux longues jetées. Les quais recouverts de larges chaussées agréablement dallées ont été pourvus par la Chambre de commerce de grands hangars pour l'emmagasinement des marchandises, que l'on isole selon leur nature. Les portes, ponts tournants, vannes, grues, treuils et cabestans hydrauliques manœuvrent à l'aide d'une machinerie de grande force installée au-dessous des terre-pleins. Les paquebots Calais-Douvres accostent *à toute heure* au quai de l'avant-port, y évoluent à l'aise, débarquent ou embarquent passagers d'une part, bagages de l'autre, avec la plus grande facilité, sans le moindre tumulte, grâce aux multiples débarcadères des nouveaux quais où stationnent, impatients de partir, les trains correspondants de tous les pays. Les express qui échangent leurs voyageurs avec ceux des paquebots mettent en communication directe et rapide Londres, Paris et toutes les grandes villes du continent.

La Compagnie du chemin de fer du Nord y a créé quatre gares : la gare centrale qui réunit le vaste réseau des voies ferrées du port; la gare maritime établie au nord de l'avant-port; une gare de marée pour l'expédition du poisson; une gare de triage à l'emplacement de l'ancienne gare de Saint-Pierre. C'est à Calais que se trouve l'importante usine des câbles sous-marins.

Calais occupe, près des collines du Boulonnais, un angle de la vaste plaine agricole connue sous le nom de *Watteringues* — essentiellement submersible en cas d'invasion — formée par les alluvions de l'Aa et presque tout entière au-dessous du niveau des hautes mers. Un travail opiniâtre a fait de ces landes désolées un pays fertile : des chevaux galopent aujourd'hui dans les prés; de belles vaches laitières ruminent l'herbe grasse des prairies; des routes, des chemins de fer traversent des champs cultivés, desservent de gros villages abondamment peuplés; des canaux, fossés et *watergands* arrosent le sol onctueux, et, comme de puissantes artères, font circuler la vie dans ce pays entièrement conquis sur la mer. Il

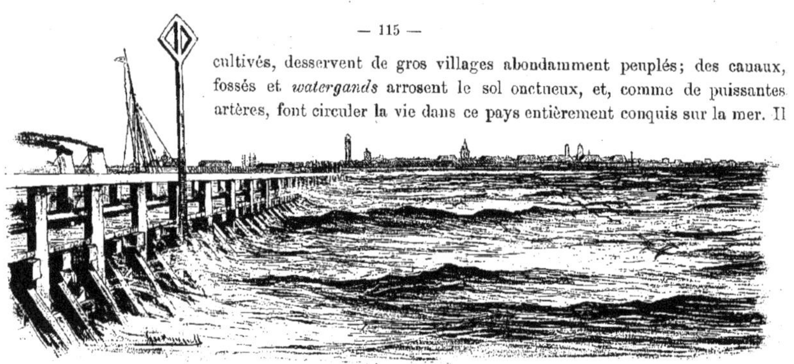

Calais vu de la jetée de l'Ouest.

se développe, prolongé par les *Moëres* jusqu'à la frontière belge, derrière les dunes que trouent les seules écluses de Calais, Gravelines et Dunkerque, par où les grands canaux collecteurs se déversent à la mer.

Le vieux Calais renferme plus d'une curiosité : sur la place d'Armes se montre l'ancien hôtel de ville datant du XVIIIe siècle, restauré en 1864. Deux petites colonnes surmontées des bustes du duc de Guise et du cardinal de Richelieu précèdent la façade dont le balcon est orné au centre du buste d'Eustache de Saint-Pierre, qui sauva ses concitoyens lors du siège fameux du XIVe siècle. De chaque côté de l'édifice s'élèvent, à gauche, l'ancienne Tour-du-Guet du XIIIe siècle, toujours habitée par un guetteur; à droite, le beffroi des XVe et XVIIe siècles terminé par un campanile de clochetons dentelés.

Pendant que le carillon détaille un chant mélancolique où l'on a bien voulu reconnaître l'air de :

Gentille Annette,
Tu vas seulette,
Sous la coudrette,
Chanter le Robin des Bois ?
C'est pour savoir si le printemps s'avance,...

au-dessus du cadran de l'horloge, deux chevaliers dorés luttent avec furie à chaque coup de cloche. Ces deux petits lansquenets de cuivre, la lance au poing, joutent fébrilement quand l'heure sonne, sans que les péripéties de leur combat singulier parviennent à troubler la quiétude — déjà flamande — des paisibles bourgeois de Calais.

L'horloge fait bien son métier : elle sonne deux fois les heures à trois minutes d'intervalle. Le veilleur de la Tour-du-Guet est tout aussi consciencieux dans son office : à partir de onze heures du soir jusqu'au lever du jour il *répète* les heures et les demi-heures, qu'il « corne » à deux reprises dans trois directions différentes, ce qui veut dire : *Dormez tranquilles!* Tous ces appels répétés au milieu du silence nocturne vous semblent peut-être excessifs ? On s'y fait très bien : on ferme l'oreille aux tintement clairs du carillon auxquels succèdent les pesants coups de cloche deux fois donnés par l'horloge ; il ne reste plus qu'à résister à la trompe lugubre du brave guetteur. L'avantage de cette coutume fort ancienne, c'est que l'on est toujours prêt en cas d'alerte : le touriste constamment éveillé prévient avec douceur l'habitant de Calais profondément endormi : l'alarme est donnée.

De la place, la rue Notre-Dame mène à l'église du XIVe siècle ; la rue Royale croise la rue de Guise où se trouve une porte curieuse de l'ancien Hôtel de Guise. Un tramway conduit au Pont de Saint-Pierre, traversant tout ce quartier aux rues larges et commerçantes ; un autre va de Calais à Guines.

En face du *Courgain*, vieux quartier habité par les pêcheurs, s'élève un beau phare électrique de premier ordre ; c'est avec celui de Dunkerque les deux seuls phares de France qui soient placés à l'intérieur d'une ville ; quatre autres feux éclairent les jetées. Au fond de l'avant-port une colonne nous rappelle qu'y *débarqua et fut enfin rendue à l'amour des Français, S. M. Louis XVIII*, un des rares monarques qui fut deux fois roi de France, dont le règne ne fut à vrai dire qu'une « reprise », la « première » ayant eu lieu Cent jours auparavant.

La Tour-du-Guet et le Beffroi vus de la rue de la Citadelle.

La belle plage des bains, plate avec cabines roulantes, très animée pendant les beaux jours, découvre loin à vive eau et s'étend depuis la grande jetée de l'Ouest jusqu'aux *Baraques*.

Pour s'y rendre, il faut passer sur de nombreux quais, le long des hangars des bassins à flot, et, du centre de la ville, traverser trois ponts ; il est question de raccourcir la route en la faisant plus directe.

A CALAIS. — Le Courgain, quartier des pêcheurs.

Gravelines. — Après avoir franchi de vastes plaines coupées en tous sens par les canaux, le train s'arrête en Flandre, à Gravelines, place forte reliée à Dunkerque, située à deux kilomètres de l'embouchure de l'Aa, sur la Mer du Nord et dont la passe n'est maintenue qu'à force de dragages énergiques.

Petit Fort-Philippe.

Grand Fort-Philippe.

Le petit port est voisin de deux hameaux d'un grand pittoresque : *Grand Fort-Philippe* et *Petit Fort-Philippe.* Les pêcheurs se joignent à ceux de Dunkerque et partent avec la flottille sur les côtes d'Islande, ou bien se livrent à la pêche côtière, très abondante dans ces parages grâce au peu de fond de la mer et aux nombreux débris qui s'y déposent. Il est curieux de voir à marée basse les femmes aller en bandes chercher sous le sable le ver marin, l'amorce préférée de leur « homme ». Petit Fort-Philippe est relié par des omnibus à Gravelines et possède une station de bains ; les cabines, attelées de chevaux, conduisent les baigneurs à la mer, qui se retire fort loin : le chenal de l'Aa est, en effet, compris entre deux digues de maçonnerie qu'il a fallu prolonger jusqu'à 1,500 mètres de la côte. En arrière de la plage, s'élève un phare de troisième ordre. Gravelines n'est qu'à six lieues de Dunkerque qui n'est plus qu'à quatorze kilomètres de Ghyvelde, douane française, et à vingt kilomètres d'Adinkerque, douane belge, où nous arrêterons en entrant en Belgique.

DUNKERQUE. — La place Jean-Bart.

DUNKERQUE

La vieille cité flamande qui doit son nom, « église des dunes », au pays sablonneux environnant est aujourd'hui une ville de quarante mille habitants, entourée d'une enceinte fortifiée facilement inondable qui en fait une place forte de premier ordre. On connaît vite Dunkerque en prenant à la gare le grand tram à impériale qui traverse la ville et conduit à la plage de Rosendaël.

Après avoir franchi le canal de Bergues, on arrive par la rue des Capucins à la place Jean-Bart, aux façades rectangulaires et d'aspect beaucoup moins flamand que celle de Calais. Au centre de cette place s'élève une statue de messire Jean-Bart, qui, dans un mouvement belliqueux, semble lutter contre le poids formidable de sa tête dont l'ampleur écrase le corps trop petit du légendaire marin. Non loin de là, l'église Saint-Éloi renferme les tombeaux de Jean-Bart, de sa femme et de son fils le vice-amiral; le beffroi massif, ancien clocher de l'église dont il est maintenant séparé, porte au dernier étage les vingt-neuf cloches du carillon jadis célèbre qui chante toutes les heures un hymne à la gloire du

LE PORT DE DUNKERQUE.

héros dunkerquois. Le dimanche et les jours de fête, de onze heures à midi, un carillonneur envoie au ciel, en une volée de sonneries bruyantes, les derniers airs à la mode. De la plate-forme élevée, un guetteur signale les navires en détresse au large et les incendies de la ville.

Dunkerque est percé de rues spacieuses et propres ; les maisons arborent aux fenêtres des petits miroirs indiscrets, inclinés au-dessus du trottoir, qui révèlent au bon Flamand invisible chez lui le passant ou le visiteur ; une profusion de mâts fixés aux premiers étages se parent, certains jours, d'un pavillon, comme dans toute ville essentiellement maritime. On arrive enfin à Rosendaël-lès-Dunkerque par la rue de la Grille, en passant devant Notre-Dame des Dunes, chapelle des marins.

Rosendaël. — La plage qui découvre quelquefois à cinq cents mètres au large est immense; sa surface plane et basse de sable très fin est bordée par un casino monumental, un kursaal, des villas, des cafés, des guinguettes où s'attablent baigneurs et promeneurs pendant la belle saison. Des cabines roulantes vont au devant de la mer, et d'intrépides cavaliers à ânes partent incessamment en excursion sur tous les points de la grève. C'est dans toute sa vérité la *plage du Nord*, qui offre comme promenade ses dunes grisâtres sous un ciel vitreux et mélancolique. La mer y est rarement lumineuse : les jours paisibles, le soleil éclaire discrètement l'atmosphère, fondant dans une teinte blonde et douce l'eau et le sable ; puis, quand les vagues soulevées par le vent viennent s'abattre lourdement sur le rivage, on revoit la mer hostile et dont les hauts-fonds perfides causent tant de naufrages ! Mais c'est aussi l'heure où les baigneurs à la lame s'ébattent joyeusement sous la vague furieuse.

Rosendaël, « la vallée des roses », fournit aux Dunkerquois, avec les plaisirs de sa station de bains, ses légumes excellents et ses jolies fleurs : c'est la banlieue populaire en même temps que le séjour élégant et la promenade favorite de la ville voisine. Une digue magnifique, revêtue de blocs énormes de marbre et de granit, et qui longe la mer, conduit à l'entrée du port de Dunkerque.

Le chenal, large de soixante-dix mètres, ouvre entre deux longues estacades; celle de l'est mesure huit cents mètres et la jetée de l'ouest un kilomètre; un phare électrique de première classe, placé au fond des bassins, projette au loin sa lumière.

Le Casino.

Une monture économique.

Rosendaël-lès-Dunkerque.

L'ennemi — toujours — c'est le sable envahisseur; il a fallu lutter vaillamment contre lui : l'écluse de chasse peut lancer dans la première heure qui suit l'ouverture des portes neuf cent mille mètres cubes d'eau.

A DUNKERQUE. — Le bassin des « Islandais ».

Dunkerque, quatrième port de France, possède un bassin d'échouage, trois bassins à flot, un arrière-port relié par le canal de Bergues aux canaux de Mardyck, de Bourbourg, des Moëres et de Furnes, qui mettent la ville en communication avec Paris, la Belgique et le centre houiller du département du Nord. Les quais sont raccordés par des lignes ferrées avec la gare. Au bassin des « Islandais » se réunissent les bateaux faisant la campagne d'Islande : tout ce qui est valide dans la famille part le 1er avril pour la grande pêche qui dure jusqu'à l'hiver. Combien il serait intéressant de faire connaître la vie des vaillantes populations flamandes en pénétrant aussi dans le cœur du département ! mais nous reviendrons en Flandre quand nous terminerons notre « tour de France » par un voyage sur les frontières. Allons jeter un coup d'œil rapide sur les plages belges ; enfonçons-nous dans les dernières dunes françaises où courent des milliers de lapins effarés par le bruit du train ; laissons Zuydcoote où pointe un sémaphore sur la tour de son église ensevelie ! Entrons en Belgique.

EN BELGIQUE

Côtes de Belgique.

FURNES. — Un coin de la place et l'église.

Après GHYVELDE, douane et point extrême-nord de France, le train fait de fréquents arrêts en Flandre occidentale avant d'atteindre Ostende : à ADINKERKE, douane belge, voisine de la petite plage de *la Panne;* — à **Furnes**, dont l'église est restée inachevée et d'où part un petit train pour la jolie ville d'YPRES ; — à **Dixmude**, ancienne ville florissante, aujourd'hui déserte et silencieuse, qui possède une belle église du XVe siècle et un hôtel de ville moderne dans le style de la Renaissance flamande ; — à CORTEMARCK, où l'on change de ligne ; — à THOUROUT, où l'on rechange si l'on se dirige sur Bruges et Blankenberghe, mais d'où l'on gagne directement Ostende par Ghistelles.

DIXMUDE. — La grande place, l'hôtel de ville et l'église.

Ostende. — La gare, de construction élégante, est placée près du Bassin du Commerce, que l'on traverse pour entrer dans la rue de la Chapelle-Kapelstraat — toujours grouillante d'une foule cosmopolite aux costumes variés et qui, prolongée par la rue de Flandre, conduit tout droit à la Digue et à la plage. Il y a, en outre, une gare maritime.

Anvers et Ostende : voilà les deux grands

ports de la Belgique ; *Antwerpen* est grandiose, *Oostende* est beaucoup plus modeste, mais ses bains de mer lui attirent plus de trenté mille étrangers chaque année. La Digue d'Ostende, longue de trois kilomètres, large de trente mètres, élevée de dix mètres au-dessus du sable fin de la plage immense, est construite toute en blocs de pierre; agréablement dallée, luxueusement éclairée le soir au gaz et à la lumière électrique, bordée par des hôtels aux façades polychromes, par des galeries vitrées où s'allongent les tables d'hôte, et par de riches villas, elle possède un *Kursaal* théâtral, dont la rotonde s'ouvre sur la mer par treize arcades. A l'ouest de la Digue, s'isole un pavillon aux contrevents verts, résidence d'été du roi.

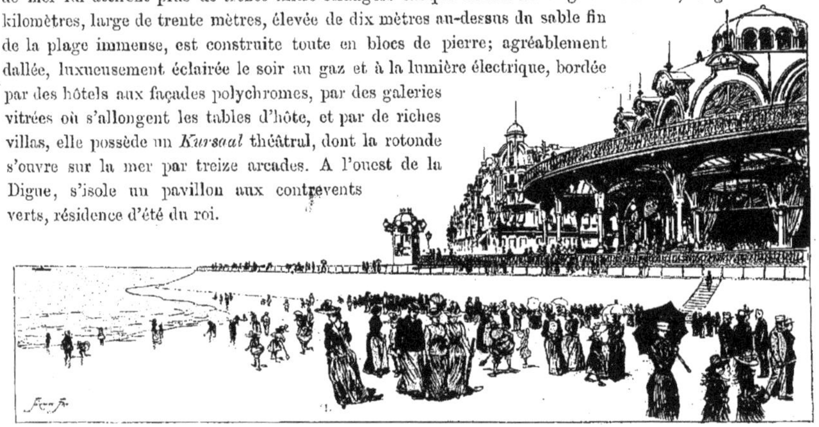

OSTENDE. — Le Kursaal.

La gare d'Ostende.

On peut se baigner librement : un couple avise une grande cabine sur la grève, s'y enferme, s'y déshabille, arbore un petit drapeau ; à ce signal le loueur fouette son cheval, la légère maison roule jusqu'aux premières vagues, la porte s'ouvre et Neptune en compagnie d'Amphitrite prennent possession de la mer, sous la surveillance de sauveteurs échelonnés « tout le long du bord », armés de cordes, de ceintures de liège et munis d'un cornet à bouquin.

Un tram conduit d'Ostende à *Nieuport-Bains* — dont la digue immense et les non moins vastes villas attendent les baigneurs, — en passant par *Mariakerke,* Leffinghe, *Middelkerke,* Crocodile, Westende, Lombartzyde, Palinggbrugge, Nieuport-Ville.

De même, un tram va d'Ostende à Blankenberghe, par Tivoli, Slykens, dont on franchit les belles écluses, Breedene, Jacobsen, Clemskerke, den Haen et Venduyne. **Blankenberghe,** où l'on arrive d'Ostende, soit par ce petit chemin de fer vicinal, soit par un bateau à vapeur qui chaque jour fait l'excursion, soit encore par la grande ligne, en passant à Bruges, — une des plus pittoresques parmi les villes de Belgique, — est un « Ostende » moins luxueux. Sur sa longue Digue, brillamment éclairée,

BLANKENBERGHE. — La Plage et la Digue.

les terrasses des cafés conservent leur animation aux heures où les jetées des plages françaises dorment dans la nuit. De Blankenberghe, la « Princesse Stéphanie » vous débarque en Hollande, à Flessingue, près de Middelbourg, délicieux voyage ! Toutes les autres plages belges ne sont que des diminutifs de ces deux premières. Au delà de Blankenberghe, *Heyst,* plus petit que Blankenberghe, puis *Knocke,* plus petit que Heyst, complètent la série des stations balnéaires de la Belgique.

Disons au revoir — s'il vous plaît pour une fois — à nos aimables voisins : nous reviendrons passer *vingt jours* sur cette « terre de l'hospitalité », mot inoubliable de Daumier; dans ce pays des archers, des arbalétriers, des combats de coqs, du lambic, du faro et des estaminets aux enseignes facétieuses ; dans la patrie des kermesses joyeuses qu'a immortalisées Téniers, des femmes blondes et grasses qu'a révélées Rubens. — Bientôt, on crie à nos oreilles : « *Auteuil-Longchamp !* Résultat complet des courses ! » Nous sommes à Paris.

Dans le port de Blankenberghe.

La Ligne de retour à Paris.

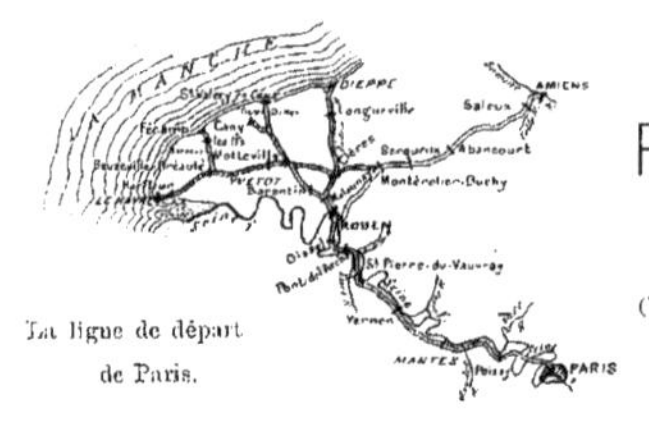

La ligne de départ de Paris.

RENSEIGNEMENTS PRATIQUES

(Voir aux pages suivantes les tableaux des billets *à prix réduits* des diverses Compagnies de Chemins de fer.)

De Paris à Dieppe par Pontoise.

Pages.

ÉTRETAT — 6

De Paris aux Ifs : 1re classe, **26** fr. **50**; 2e classe, **19** fr. **85**; 3e classe, **14** fr. **55**.

Des Ifs à Étretat (correspondance du chemin de fer) : **2** fr.

De Paris au Havre : 1re cl., **28** fr. **10**; 2e cl., **21** fr. **05**; 3e cl., **15** fr. **45**.

Du Havre à Étretat : **3** fr. **10** et **3** fr. **60** (voitures publiques passant à 2 kilomètres de Saint-Jouin).

D'Étretat à Fécamp : **1** fr. **50** et **1** fr. **25** par la voiture; — à Yport, **1** fr.; — à Valmont, **1** fr.; — aux Petites-Dalles, **1** fr. **25**; — à Vattetot et Vaucottes (voitures particulières).

FÉCAMP — 20

De Paris à Fécamp : 1re classe, **27** fr. **30**; 2e classe, **20** fr. **50**; 3e classe, **15** fr. **05**.

De Fécamp à Yport : **1** fr. par la voiture; — à Étretat, **1** fr. **50** et **1** fr. **25**; — à Valmont, **0** fr. **90**; — à Sassetot et aux Petites-Dalles **1** fr. **25**.

Des Petites-Dalles aux Grandes-Dalles, à Saint-Pierre-en-Port et à Veulettes (voitures particulières).

Pages.

De Paris à Cany : 1re cl., **24** fr. **25**; 2e cl., **18** fr. **20**; 3e cl., **13** fr. **35**.

De Veulettes à Cany : **1** fr. — Des Petites-Dalles à Cany : **1** fr. **25**.

De Paris à Saint-Valery-en-Caux : 1re cl., **24** fr. **85**; 2e cl., **18** fr. **60**; 3e cl., **13** fr. **65**.

De Saint-Valery-en-Caux à Veules : **0** fr. **75** et **1** fr.; — à Dieppe, **4** fr. **50** et **3** fr. **50** par la voiture.

DIEPPE — 41

De Paris à Dieppe : 1re classe, **20** fr. **65**; 2e classe, **15** fr. **50**; 3e classe, **11** fr. **35**.

De Dieppe à Newhaven (paquebots à vapeur) : **20** fr. et **14** fr. **40**.

De Dieppe à Puys : **1** fr., — à Berneval, **1** fr. **25**, par la voiture.

De Dieppe au Tréport et à Eu, par la voiture, **4** fr. **25** et **3** fr. **25**.

LES PLAGES DU NORD

Pages.

LE TRÉPORT 62

De Paris au Tréport-Mers : 1re classe, **22** fr. **55**; 2e classe, **16** fr. **85**; 3e classe, **12** fr. **35**.

Du Tréport au Bourg-d'Ault : **1** fr. par la voiture.

De Paris à Eu : 1re cl., **22** fr. **15** : 2e cl., **16** fr. **60** ; 3e cl., **12** fr. **20**.

D'Eu au Bourg-d'Ault : **1** fr. par la voiture.

De Paris à Abbeville : 1re cl., **21** fr. **65** ; 2e cl., **16** fr. **25** ; 3e cl., **11** fr. **90**.

D'Abbeville à Noyelles : 1re cl., **1** fr. **60** ; 2e cl., **1** fr. **20** ; 3e cl., **0** fr. **90**.

De Noyelles à Saint-Valery-sur-Somme : 1re cl., **0** fr. **80** ; 2e cl., **0** fr. **60** ; 3e cl., **0** fr. **40**.

De Noyelles à Cayeux : 1re cl., **2** fr. **40** ; 2e cl., **1** fr. **85** ; 3e cl., **1** fr. **30**.

De Noyelles au Crotoy : 1re cl., **1** fr. **10** ; 2e cl., **0** fr. **80** ; 3e cl., **0** fr. **60**.

De Paris à Rang-du-Fliers-Verton : 1re cl., **26** fr. **60** ; 2e cl., **19** fr. **95** ; 3e cl., **14** fr. **60**.

De Verton à Berck-sur-Mer : **1** fr. **25** par la voiture.

De Paris à Étaples : 1re cl., **27** fr. **90** ; 2e cl., **20** fr. **95** ; 3e cl., **15** fr. **40**.

D'Étaples au Touquet (Paris-Plage) : **0** fr. **60** par la voiture.

BOULOGNE-SUR-MER 90

De Paris à Boulogne : 1re classe, **31** fr. **25** ; 2e classe, **22** fr. **95** ; 3e classe, **17** fr. **20**.

De Boulogne à Folkestone (paquebots à vapeur). Billets d'aller et retour à prix réduits (s'adresser à la gare maritime).

De Boulogne à Londres par Folkestone. Prix réduits d'aller et retour : 1re cl., **26** fr. **25** ; 3e cl., **16** fr. **60**.

De Boulogne à Wimille-Wimereux : 1re cl., **0** fr. **80** ; 2e cl., **0** fr. **60** ; 3e cl., **0** fr. **40**.

Pages.

De Boulogne à Ambleteuse, aux caps Gris-Nez et Blanc-Nez (voitures particulières, ou bien, par le chemin de fer, de Boulogne à Marquise) : 1re cl., **2** fr.; 2e cl., **1** fr. **60** ; 3e cl., **1** fr. **10**. — Marquise est à 10 kil. du Gris-Nez.

CALAIS 112

De Paris à Calais-Ville : 1re classe, **36** fr. **35** ; 2e classe, **27** fr. **25** ; 3e classe, **19** fr. **95** ; — à Calais, gare maritime : 1re cl., **36** fr. **70** ; 2e cl., **27** fr. **55** ; 3e cl., **20** fr. **15**.

De Calais à Douvres (paquebots à vapeur). Billets d'aller et retour à prix réduits (voir les annonces).

De Calais à Gravelines : 1re cl., **2** fr. **85** ; 2e cl., **2** fr. **10** ; 3e cl., **1** fr. **50**. De la gare, à Grand et Petit Fort-Philippe, **0** fr. **50** par la voiture.

DUNKERQUE 120

De Paris à Dunkerque : 1re classe, **37** fr. **55** ; 2e classe, **28** fr. **15** ; 3e classe, **20** fr. **65**.

EN BELGIQUE 125

De Dunkerque à Furnes : 1re classe, **2** fr. **75** ; 2e classe, **2** fr. **10** ; 3e cl., **1** fr. **50**.

De Furnes à Dixmude : 1re cl., **1** fr. **45** ; 2e cl., **1** fr. **10** ; 3e cl., **0** fr. **75**.

De Dixmude à Bruges : 1re cl., **3** fr. **60** ; 2e cl., **2** fr. **70** ; 3e cl., **1** fr. **80**.

De Bruges à Ostende : 1re cl., **2** fr. **20** ; 2e cl., **1** fr. **65** ; 3e cl., **1** fr. **10**.

D'Ostende à Douvres (voir les annonces).

D'Ostende à Nieuport (aller et retour) : **1** fr. **95** par le tram ; — à Blankenberghe (aller et retour) : **2** fr. **30** par le tram.

De Blankenberghe à Heyst-sur-Mer : 1re cl., **0** fr. **90** ; 2e cl., **0** fr., **65** ; 3e cl., **0** fr. **45**.

De Paris à Ostende et *vice versa*, par Lille et Bruges : 1re cl., **38** fr. **55** ; 2e cl., **28** fr. **90** ; 3e cl., **20** fr. **90**.

Paris. — L.-Imp. réunies, 7, rue Saint-Benoît.

L'EMBARCADÈRE D'OSTENDE-QUAI.

Départ du paquebot *Princesse-Henriette* pour Douvres.

LES COMMUNICATIONS AVEC OSTENDE

Le Gouvernement belge ne néglige rien pour faciliter les communications avec Ostende. Grâce aux efforts des Administrations des chemins de fer et de la marine de l'État, la distance entre Ostende et les grandes villes du Continent et de l'Angleterre a été considérablement réduite et le voyage rendu plus agréable par l'amélioration constante du matériel de transport.

La « Princesse Henriette », la « Princesse Joséphine », la « Flandre », la « Ville de Douvres » et le « Prince Albert » ne laissent rien à désirer, pas plus sous le rapport de la vitesse que sous celui de l'élégance, de la solidité et du confort le mieux entendu.

La machinerie de la « Princesse Henriette », qui a servi de modèle-type, a été exhibée à l'Exposition Internationale d'Édimbourg de 1890 ; actionnée par un moteur électrique, elle a fait l'admiration des connaisseurs.

Les nouveaux bateaux, dont la vitesse est de vingt-un nœuds à l'heure, sont d'excellents marcheurs. Ils font la traversée d'Ostende à Douvres en trois heures.

D'autre part, la voie ferrée a été renouvelée et améliorée, et l'emploi de rails d'un type nouveau a facilité la traction de ces trains par des locomotives puissantes.

En même temps que les billets à taxe normale, il est mis en distribution, du 1er juin au 30 septembre de chaque année, des billets d'excursions aller et retour, Ostende-Douvres et Douvres-Ostende, au prix de 10 francs en 1re classe et 7 fr. 50 en 2e classe. Ces billets sont valables trois jours.

CHEMINS DE FER DU NORD

VOYAGES CIRCULAIRES

A PRIX RÉDUITS

Billets valables pour un mois, délivrés du 1er Mai au 30 Septembre

AVEC FACILITÉ DE S'ARRÊTER AUX PRINCIPAUX POINTS DU PARCOURS, SOIT EN FRANCE, SOIT A L'ÉTRANGER

VOYAGE en BELGIQUE et dans le NORD de la FRANCE

Première classe : 91 fr. 15. — Deuxième classe : 68 fr. 55.

On délivre des billets pour ce voyage :

A Paris, à la gare du Nord ; et **dans les Départements**, aux gares de Lille d'Amiens, Rouen, Douai et Saint-Quentin.

PARIS-LONDRES

CINQ SERVICES RAPIDES DANS CHAQUE SENS

Trajet en 7 h. 1/2. — Traversée en 1 h. 1/4.

Tous les trains, sauf le Club-Train, comportent des 2es classes

DÉPART DE PARIS

Viâ Calais-Douvres : 8 h 22 — 11 h. 30 du matin — 3 h. 15 (Club-Train) et 8 h. 25 du soir.

Viâ Boulogne-Folkestone : 10 h. 10 du matin.

DÉPART DE LONDRES

Viâ Douvres-Calais : 8 h. 20 — 11 h. du matin — 3 h. (Club-Train) et 8 h. 15 du soir.

Viâ Folkestone-Boulogne : 10 h. du matin.

Un service de nuit accéléré *à prix très réduits* et à heures fixes viâ Calais, en 10 heures :

Départ de Paris à 6 h. 10 du soir. — Départ de Londres, à 7 h. du soir.

Un service de nuit *à prix très réduits* et à heures variables, viâ Boulogne-Folkestone.

SAISON DES BAINS DE MER

Du 1er mai au 31 octobre

Billets d'aller et retour valables du Vendredi au Mardi

PRIX AU DÉPART DE PARIS

POUR

	1re cl.	2e cl.
Le Tréport	38f.20	23f.60
Saint-Valery	28 60	25 20
Cayeux	31 90	27 70
Le Crotoy	30 10	26 05
Berck (Verton)	33 »	30 45
Etaples (Le Touquet — Paris-Plage)	33 50	29 35
Boulogne	37 40	32 85
Wimille-Wimereux	38 60	33 65
Ambleteuse, Andresselles, Wissant (Marquise)	40 »	35 »
Calais	44 »	38 35
Gravelines	45 10	39 40
Dunkerque	45 10	39 40

CHEMINS DE FER DE L'OUEST

BAINS DE MER

1° Billets d'Aller et Retour à Prix réduits, valables du Vendredi au Lundi.

De Paris aux gares suivantes :	1re classe.	2e classe.
DIEPPE (Criel, Puys, Pourville, Berneval)	30 fr. »	22 fr. »
Le TRÉPORT (Mers)	33 20	25 60
CANY (Veulettes, les Petites-Dalles) SAINT-VALERY-EN-CAUX (Veules) LE HAVRE (Sainte-Adresse, Bruneval) FÉCAMP, LES IFS (Yport, Étretat) TROUVILLE-DEAUVILLE, VILLERS-SUR-MER, HONFLEUR, CAEN	33 »	24 »
CABOURG (le Home Varaville) DIVES, BEUZEVAL (Houlgate) LUC, Lion-sur-Mer, LANGRUNE (Prix pour le parcours total.)	37 »	27 »
SAINT-AUBIN, BERNIÈRES COURSEULLES (Ver-sur-Mer) (Prix pour le parcours total.)	38 »	28 »
BAYEUX (Arromanches, Asnelles), etc	40 »	30 »
ISIGNY (Grandcamp, Sainte-Marie-du-Mont)	44 »	33 »
MONTEBOURG et VALOGNES (Saint-Vaast de la Hougue, Quinéville)	50 »	38 »

De Paris aux gares suivantes :	1re classe.	2e classe.
CHERBOURG	55 fr. »	42 fr. »
COUTANCES (Agon, Coutainville, Régneville)	57 »	44 »
GRANVILLE (Saint-Pair, Donville)	50 »	38 »
SAINT-MALO-SAINT-SERVAN (Paramé), DINARD (Saint-Enogat, Saint-Lunaire, Saint-Briac) LAMBALLE, (Erquy, le Val-André, la Garde-de-St-Cast, Pléneuf, St-Jacut-de-la-Mer)	66 »	50 »
SAINT-BRIEUC (Portrieux, Saint-Quay)	68 »	51 »
LANNION (Perros-Guirec)	79 »	59 »
MORLAIX (Saint-Jean-du-Doigt)	81 »	61 »
SAINT-POL-DE-LÉON et ROSCOFF (Ile-de-Batz)	85 »	64 »
BREST	90 »	67 50
SAINT-NAZAIRE	66 »	50 »
EAUX THERMALES		
BAGNOLES de l'Orne, par Briouze	45 »	34 »
FORGES-LES-EAUX (Seine-Inférieure)	21 45	16 05

Départ du Vendredi au Dimanche. — Toutefois, ces Billets sont valables le **Jeudi** par les trains partant de Paris dès 6 h. 30 du soir. — **Retour les Dimanches et Lundis** seulement.— Les billets pour **St-Malo, Dinard, Lamballe, St-Brieuc, Lannion, Morlaix, St-Pol-de-Léon, Roscoff, Brest** et **St-Nazaire** sont valables, au retour, jusqu'au mardi inclus. — Les deux coupons d'un billet d'*aller* et *retour* ne sont valables qu'à la condition d'être utilisés *par la même personne;* en conséquence, la *vente* et l'*achat* des coupons de retour sont interdits.

2° Billets collectifs dits « Billets de Famille » *Comportant 40 0/0 de réduction.*

(Minima de perception par place : **61** fr. **60** en **1re** classe ou **46** fr. **20** en **2e** classe, aller et retour.)

Ces billets sont délivrés aux familles comprenant quatre personnes au moins pour les stations balnéaires distantes de plus de 250 kilomètres du point de départ. — Ils sont valables pendant **33 jours** et peuvent être prolongés une ou deux fois de **30 jours**, moyennant le payement, pour chacune de ces périodes, d'un supplément égal à 10 0/0 du prix du billet.

CHEMINS DE FER DE PARIS-LYON-MÉDITERRANÉE

Voyages circulaires à itinéraires fixes

Il est délivré, pendant toute l'année, à la gare de Paris-Lyon, ainsi que dans les principales gares situées sur les itinéraires, des *billets de voyages circulaires à itinéraires fixes*, extrêmement variés, permettant de visiter, *en 1re ou 2e classe*, à des *prix très réduits*, les contrées les plus intéressantes de la France (notamment l'**Auvergne**, le **Dauphiné**, la **Savoie**, la **Provence**, les **Pyrénées**, etc.), ainsi que l'**Algérie**, la **Tunisie**, l'**Espagne**, le **Portugal**, l'**Italie** et la **Suisse**.

Voyages circulaires à itinéraires facultatifs

(Billets individuels et collectifs)

Il est délivré, *pendant toute l'année*, dans toutes les gares du réseau P.-L.-M., des *billets individuels et de famille*, à prix *très réduits*, pour effectuer sur ce réseau des *voyages circulaires*, à itinéraires établis par les *voyageurs* eux-mêmes, avec parcours totaux d'au moins 300 kil. Ces billets, qui donnent à leur porteur le droit de s'arrêter dans toutes les gares de l'itinéraire, sont valables pendant *30, 45* ou *60* jours, suivant l'importance du parcours. Les *réductions* de prix varient entre *20* et *50 0/0*.

Les demandes de billets doivent être faites *5* jours au moins à l'avance et être accompagnées d'une consignation de 10 fr. par billet demandé.

Billets d'Aller et Retour

DE PARIS A BERNE ET A INTERLAKEN

Viâ Dijon-Pontarlier-Les Verrières-Neufchâtel ou réciproquement.

PRIX DES BILLETS : *de PARIS à*

BERNE		INTERLAKEN	
1re cl.	**110** fr. **30**	1re cl.	**121** fr. **95**
2e cl.	**82** fr. **30**	2e cl.	**91** fr. **85**
3e cl.	**60** fr. **45**	3e cl.	**66** fr. **30**

Valables **60** jours.

Billets délivrés du 15 avril au 15 octobre.

DE PARIS A ÉVIAN

SANS RÉCIPROCITÉ

Viâ **Mâcon-Culoz**. — Validité : **40** jours

1re classe, **135** fr. ; 2e classe, **100** fr.

Délivrés du 1er juin au 15 septembre.

DE PARIS A TURIN ET A MILAN

Viâ **Mont-Cenis** ou réciproquement.

Valables **30** jours. — Arrêts facultatifs.

POUR TURIN		POUR MILAN	
1re classe.	**160** fr.	1re classe.	**172** fr.
2e —	**115** »	2e —	**125** »

Billets d'Aller et Retour de Bains de mer

(Billets individuels et collectifs)

Il est délivré, *du 1er Juin au 15 Septembre* de chaque année, des billets d'aller et retour de bains de mer, de 1re, 2e et 3e classes, à prix réduits pour les stations balnéaires suivantes :

Aigues-Mortes, Antibes, Bandol, Beaulieu, Cannes, Hyères, La Ciotat, La Seyne-Tamaris-sur-Mer, Menton, Monte-Carlo, Montpellier, Nice, Saint-Raphaël, Toulon et **Villefranche-sur-Mer.**

Ces billets sont émis dans toutes les gares du réseau P.-L.-M. et doivent comporter un parcours minimum de 300 kilom., aller et retour.

PRIX. — Le prix des billets est calculé d'après la distance afférente **au parcours réellement effectué** et d'après un barême comportant des *réductions* de *22* à *37 0/0*. Pour les billets collectifs, la réduction peut atteindre 50 0/0.

Validité **33** jours. — Arrêts facultatifs.

CARTES D'ABONNEMENT

De 1re, 2e et 3e classe. — Pour 3 mois, 6 mois ou un an.

VOITURES DE LUXE

(Coupés, coupés-lits, fauteuils, lits-salons)

Observation importante. — Les renseignements les plus complets sur les Voyages circulaires (conditions, prix, cartes, itinéraires) ainsi que sur les Cartes d'abonnement, Billets directs et d'aller et retour, Relations internationales, etc., sont renfermés dans un *Livret spécial* édité par la Compagnie P.-L.-M. et mis en vente dans les principales gares de son réseau et dans ses bureaux de ville au prix de **30 centimes**.

CHEMINS DE FER DE PARIS A ORLÉANS

BAINS DE MER DE L'OCÉAN

BILLETS D'ALLER ET RETOUR réduits de 40 % et de 20 % suivant la distance
VALABLES PENDANT 33 JOURS

Du 1er Mai au 31 Octobre, il est délivré des **Billets Aller et Retour** de toutes classes, par toutes les gares du réseau pour les stations balnéaires ci-après :

SAINT-NAZAIRE.	SAINT-PIERRE-QUIBERON.
PORNICHET.	QUIBERON (Belle-Isle-en-Mer).
ESCOUBLAC-LA-BAULE.	LORIENT (Port-Louis, Larmor).
LE POULIGUEN.	QUIMPERLÉ (Pouldu).
BATZ.	CONCARNEAU.
LE CROISIC.	QUIMPER (Benodet, Fouesnant, Beg-Meil).
GUÉRANDE.	PONT-L'ABBÉ (Langoz, Loctudy).
VANNES (Port-Navalo, St-Gildas-de-Rhuys).	DOUARNENEZ.
PLOUHARNEL-CARNAC.	CHATEAULIN (Pentrey, Crozon, Morgat).

Excursions en AUVERGNE et dans le LIMOUSIN

Permettant de visiter

Le MONT-DORE, LA BOURBOULE, ROYAT, CLERMONT-FERRAND, NÉRIS ET EVAUX

Avec arrêt facultatif à toutes les gares du parcours

Prix des Billets. — 1re classe, 108 fr. ; 2e classe, 81 fr.

DURÉE : 30 JOURS

ITINÉRAIRE :

Paris, Vierzon, Bourges, Montluçon, Chamblet-Néris (Bains de Néris), **Evaux** (Bains d'Evaux), **Eygurande, Laqueuille** (Bains du Mont-Dore et de La Bourboule), **Royat** (Bains de Royat), **Clermont-Ferrand, Largnac, Ussel, Limoges** (par **Tulle, Brive** et **Saint-Yrieix**, ou par **Eymoutiers**), **Vierzon, Paris** ou *vice versa*.

Ces Billets sont délivrés du 15 juin au 30 Septembre

EXCURSIONS

en Touraine, aux Châteaux des Bords de la Loire

Et aux Stations balnéaires

De la ligne de ST-NAZAIRE, au CROISIC et à GUÉRANDE

BILLETS DÉLIVRÉS TOUTE L'ANNÉE

1er ITINÉRAIRE. — Durée : 30 Jours

Prix des Billets : 1re classe, 95 fr.; 2e classe, 70

Paris — Orléans — Blois — Amboise — Tours — Chenonceaux et retour à **Tours — Loches** et retour à **Tours — Langeais — Saumur — Angers — Nantes — St-Nazaire — Le Croisic — Guérande** et retour à **Paris**, *via Blois* ou *Vendôme*, ou par **Angers**, *via Chartres*, sans arrêt sur le réseau de l'Ouest.

2e ITINÉRAIRE. — Durée : 15 Jours

Prix des Billets : 1re classe, 60 fr. ; 2e classe, 45 fr.

Paris — Orléans — Blois — Amboise — Tours — Chenonceaux et retour à **Tours — Loches** et retour à **Tours — Langeais** et retour à **Paris**, *via Blois* ou *Vendôme*.

Billets de parcours supplémentaires à Prix réduits.

EXCURSIONS

Aux Stations hivernales et balnéaires des Pyrénées

Des Billets d'*ALLER* et *RETOUR*, avec réduction de 25 % sur les prix calculés au Tarif général d'après l'itinéraire effectivement suivi, sont délivrés toute l'année, à toutes les Stations du réseau de la Compagnie d'*Orléans*, pour **Alet, Arcachon, Argelès-Vieuzac, Ax, Bagnères-de-Bigorre, Bagnères-de-Luchon, Biarritz, Capvern, Coniza-Montazels, Dax, Guéthary, Hendaye, Laruns-Eaux-Bonnes, Oloron-Sainte-Marie, Pierrefitte-Nestalas, Pau, Saint-Girons, Saint-Jean-de-Luz, Salies-de-Béarn, Salies-du-Salat, Ussat-les-Bains.**

Durée de validité : 10 jours non compris les jours de départ et d'arrivée.

Tout Billet d'aller et retour délivré pour un parcours de plus de 500 kilomètres donne droit pour le porteur à un arrêt en route à l'aller comme au retour.

www.ingramcontent.com/pod-product-compliance
Ingram Content Group UK Ltd.
Pitfield, Milton Keynes, MK11 3LW, UK
UKHW021057200726
13857UKWH00003B/982

9 782012 870857